Gerd Biegel • Karin Reich

»erst rechnen, dann sprechen gelernt«

Carl Friedrich Gauß

Genie aus Braunschweig – Professor in Göttingen

D1873716

Joh. Heinr. Meyer Verlag

Die Deutsche Bibliothek – CIP Einheitsaufnahme

Biegel, Gerd und Reich, Karin:
Carl Friedrich Gauß:
Genie aus Braunschweig – Professor in Göttingen

Gerd Biegel, Karin Reich – Braunschweig, Meyer, 2005
ISBN-Nr.: 3-926701-63-3

1. Auflage März 2005

© 2005 bei Verlag Joh. Heinr. Meyer, Braunschweig
Nachdruck – auch auszugsweise – nur mit besonderer Genehmigung des Verlages.
Druck: Joh. Heinr. Meyer GmbH, Druckerei + Verlag, Braunschweig

Abbildungsnachweis
Braunschweigisches Landesmuseum, Ingeborg Simon, S. 9, 11, 15, 19, 21, 26, 27, 37, 44, 51, 53, 56, 58, 59, 60, 61, 63, 72, 77, 78, 79, 85, 87, 90, 98, 99, 100, 113, 128, 130, 140, 142, 174, 175, 178, 184, 186, 188, 192, 193, 197, 199, 201, 203, 205, 207,
Gauß-Gesellschaft Göttingen und Karin Reich, S. 57, 64, 66, 74, 118, 121, 124, 125, 133, 136, 142, 144, 150, 161, 165, 167,
Herzog Anton Ulrich-Museum, B. P. Keiser, S. 48,
Herzog August Bibliothek, Wolfenbüttel, S. 33,
Historisches Museum Hannover, S. 96, 104, 105, 108, 117,
KWSBB, S. 7, 54, 70, 73, 76, 91, 112, 134, 142, 143,
Technische Universität Braunschweig, Hans Steffens, S. 195; Institut für Geophysik und extraterrestrische Physik, S. 198,
Peter Sierigk, Braunschweig, Umschlagbild vorne.

Abb. Umschlag und S. 4: Carl Friedrich Gauß, nach dem Original von Rudolph Wimmer (S. 146) angefertigte Kopie von Fritz Mühlbrecht in der Technischen Universität Braunschweig.

Frau Morsbach

mit freundlichem Gruß und weiterhin viele freundschaftliche Treffen zur Geschichte in der Gegenwart

Ihr Gerd Biegel

Weihnachten im Gauß-Jahr 2005

Inhalt

Vorwort 5

Bildungsreform und Eliteförderung
Carl Friedrich Gauß und Braunschweig 11

Die Braunschweiger Bildungsreform 23

Am Ende des Jahrhunderts 43

Carl Friedrich Gauß – Elternhaus und Schuljahre 55

Student in Braunschweig und Göttingen 62

Privatgelehrter in Braunschweig 71

Kurfürstentum und Königreich
Carl Friedrich Gauß in Göttingen 86

Despotismus und Verfassungsbruch
Die »Göttinger Sieben« 109

Professor in Göttingen 119

Vermessungsarbeiten im Gelände 124

Zusammenarbeit mit Wilhelm Weber 131

Späte Studien und Lebensabend 139

Die wissenschaftlichen Leistungen 147

Mathematik 147

Astronomie 163

Geodäsie 171

Physik 179

Bedeutung und Wirkung von Carl Friedrich Gauß 187

Anmerkungen 200

Bibliographie 210

Vorwort

Am 23. Februar 1855 ist Carl Friedrich Gauß, der in Braunschweig geboren wurde, in Göttingen gestorben. Den 150. Todestag haben die Städte Braunschweig und Göttingen gemeinsam mit dem Braunschweigischen Landesmuseum und der Gauß-Gesellschaft zum Anlaß genommen, mit vielfältigen Aktivitäten das »Gauß-Jahr 2005« zu begehen. Dabei bedarf es keiner ausführlichen Begründung dafür, daß Carl Friedrich Gauß zu den weltweit bedeutendsten Wissenschaftlern aller Zeiten gerechnet wird. Waldo Dunnington hat dem schon 1954 deutlich Ausdruck verliehen, indem er den Mathematiker, Astronom, Physiker und Geodät im Untertitel seines Buches als »Titan of Science« bezeichnete.

Leben und Werk einer Person werden in einem Gedenkjahr mit Ausstellungen, Vorträgen und zahlreichen Veranstaltungen in das Bewußtsein der Menschen der Gegenwart gerufen, Erinnerungen werden geweckt und vielfache neue Erkenntnisse vermittelt. Die Schnellebigkeit unserer Informationsgesellschaft setzt jedoch der nachhaltigen Wissensvermittlung rasch Grenzen, und eine heute aktuelle Darstellung erscheint morgen bereits überholt. Gegen den damit verbundenen Wissensverlust bemüht sich insbesondere die Geschichtswissenschaft anzugehen, indem sie Vergangenheit nicht in Vergessenheit geraten läßt, immer wieder ihre Aktualität untersucht und aufzeigt, das Wissen über Vergangenes aufzeichnet sowie damit verbundene Erkenntnisse vermittelt. Besonderes Interesse in der Öffentlichkeit finden derzeit biographische Darstellungen aller Art, insbesondere von »berühmten« Personen der Weltgeschichte. Dies mag mit dem Verlust an persönlicher Identifikation und Identität in unserer anonym gewordenen Massengesellschaft zusammenhängen. Es kann aber auch schlichtweg Neugier sein, zu erfahren, wie es Menschen in der Vergangenheit ergangen ist, um die eigene Gegenwart besser zu verstehen. Wer aber neugierig ist, will wissen, und wer wissen will, sucht Informationen, nicht zuletzt in Büchern. Sie verschaffen nicht nur unterhaltende Zufriedenheit, Vermittlung von Wissen und Befriedigung persönlicher Neugier, sondern ebenso Nachhaltigkeit für die Geschichtsvermittlung. Es lag daher nahe, in populärwissenschaftlicher Form auf das Interesse am Leben und Wirken von Carl Friedrich Gauß einzugehen und eine biographisch-historische Darstellung vorzulegen.

Carl Friedrich Gauß wurde am 30. April 1777 in Braunschweig geboren. Seine Familie lebte in einfachen Verhältnissen, so daß eine wissenschaftliche Karriere des Sohnes nicht selbstverständlich zu erwarten war. Vor dem Hintergrund notwendiger Bildungsreformen im aufgeklärten Absolutismus und der intensiven Eliteförderung durch den regierenden Herzog Carl Wilhelm Ferdinand wurden jedoch Besuch der Lateinschule, des Collegium Carolinum und der Universität in Göttingen möglich. Die Förderung der Wissenschaften als Voraussetzung einer positiven Entwicklung des Staates und die Verbesserung des Bildungswesens waren Aspekte der staatlichen Entwicklung, deren Aktualität auch in der Gegenwart noch deutlich werden und sind. Ohne diese Alltagsrealität wäre das Leben von Carl Friedrich Gauß in seinem Verlauf kaum denkbar gewesen, weshalb wir nicht nur die Geschichte des Wissenschaftlers betrachten, sondern das Leben im politischen Rahmen der damaligen Geschichte der Länder Braunschweig und Hannover. Das Leben von Carl Friedrich Gauß umfaßte eine wichtige Epoche des Umbruchs in Europa und Norddeutschland zwischen Französischer Revolution und Industrialisierung, eine Zeit auch der entscheidenden Entwicklung der Natur- und Technikwissenschaften, wozu Carl Friedrich Gauß bedeutende Beiträge geleistet hat. Auch dies soll in unserer Lebensbeschreibung ebenso deutlich werden, wie der Mensch Gauß hinter seinen Forschungen sichtbar. Wir hoffen damit einen eigenständigen Beitrag leisten zu können, um die Erinnerung an einen der bedeutendsten europäischen Wissenschaftler zu bewahren sowie die Kenntnisse über Carl Friedrich Gauß an ein breites Publikum außerhalb der engen Fachwissenschaft zu vermitteln.

Unser Buch soll auf kurzem Wege informieren, unterhaltsam durch eine spannende Epoche der Geschichte führen und am Beispiel einer faszinierenden Persönlichkeit Freude an Geschichte und Mathematik vermitteln, ganz im Sinne des großen Kulturhistorikers Jacob Burckhardt, der in seinen Weltgeschichtlichen Betrachtungen feststellte: »Nur aus der Betrachtung der Vergangenheit gewinnen wir einen Maßstab der Geschwindigkeit und Kraft der Bewegung, in der wir selber leben«.

Gleichgültig, wie umfangreich und bedeutend auch immer ein Buch ausfällt, zu seinem Gelingen trägt nie alleine die Arbeit der Autoren bei. Daher bleibt es für diese die schönste Pflicht, Dank zu sagen. So den Mitarbeiterinnen und Mitarbeitern von Stadtbibliothek und Stadtarchiv Braunschweig, ohne deren stete und geduldige Unterstützung die Beschaffung und Hinweise auf wissenschaftliche Literatur und Quellen nicht hätte bewältigt werden können. Zu danken ist ebenso den Mitarbeiterinnen und Mitarbeitern der Staats- und Universitätsbibliotheken in Braunschweig, Göttingen und Hamburg, des Niedersächsischen Landesarchivs-Staatsarchiv Wolfenbüttel, der Herzog August Bibliothek Wolfenbüttel sowie vor allem der Gauß-Gesellschaft in Göttingen und der Braunschweigischen Wissenschaftlichen

Gesellschaft. Besonderer Dank für Rat und Unterstützung gilt den Kolleginnen und Kollegen Prof. Dr. Menso Folkert (Universität München), Frau Dr. Angela Klein (Braunschweigisches Landesmuseum), Dr. Wolfgang Marten und Prof. Dr. Thomas Sonar (Technische Universität Braunschweig) für vielfältige Hilfen, Hinweise und kritische Durchsicht des Manuskriptes. Ihre kollegiale Mitarbeit hat nicht nur geholfen, manchen Fehler zu vermeiden, sondern hat auch maßgeblich zur Realisierung des Buches beigetragen, und dies gilt es dankbar zu betonen. Wie stets gelingt die Realisierung eines Buches nicht ohne ganz praktische und dabei teilweise mühsame Hilfe Einzelner. Daher danken wir Detlef Baumgarten, M.A., Dr. Peter Bessin, Ines Engling und Holger-B. Heinke für Unterstützung bei der Material- und Bildbeschaffung sowie Frau Ingeborg Simon und Peter Sierigk für die Photoarbeiten. Ein besonders herzlicher Dank aber gilt es zu sagen an Frau Irmela Biegel und Frau Anke Sebbeße, die nicht nur die Arbeit der Texterfassung übernommen, sondern auch die mühsamen Korrekturarbeiten in kürzester Zeit und in vielen Nachtstunden erledigt haben.

Abschließend danken wir dem Verleger Horst-Dieter Behrendt und seinem Team vom Johann Heinrich Meyer Verlag für die Aufnahme des Buches in das Verlagsprogramm und die gute Zusammenarbeit bei der Fertigstellung.

In Zeiten der zunehmenden Ökonomisierung der universitären Wissenschaft und der Kultur in Europa widmen wir dieses kleine Werk über Carl Friedrich Gauß der stets unabhängigen Förderung der Forschung und Vermittlung der Geisteswissenschaften und Wissenschaftsgeschichte in Deutschland.

Prof. Dr. Karin Reich	Dr. h.c. Gerd Biegel, M.A.
Hamburg	Braunschweig

Carl Friedrich Gauß, 1840.

Carl Friedrich Gauß: Straßen sind nach ihm benannt, Schulen[1] tragen seinen Namen, Denkmäler in Braunschweig und Göttingen erinnern an ihn, es gibt den Gauß-Berg in der Antarktis, den Gauß-Krater auf dem Mond und selbst ein deutsches Forschungsschiff wurde nach »Gauß« benannt[2]. Wer sich mit den modernen Naturwissenschaften beschäftigt, stößt immer wieder auf den Namen Gauß. In der Physik heißt eine Maßeinheit Gauß – die, mit der man die Größe der magnetischen Induktion mißt. In der Mathematik gehören die Gaußsche Zahlenebene, die Gaußverteilung, die Gaußsche Krümmung, um nur einige Begriffe zu nennen, zu den Grundkenntnissen. Aber nicht nur der Name Gauß, sondern auch die Bedeutung des Wissenschaftlers ist in weiten Kreisen bis heute lebendig geblieben, und das durchaus nicht nur bei Naturwissenschaftlern. Der Schriftsteller Arno Schmidt zum Beispiel erwähnt Gauß in vielen seiner Werke[3]. Die Braunschweiger Zeitung hatte aktuell nach den einhundert berühmtesten Braunschweigerinnen und Braunschweigern gefragt, und Carl Friedrich Gauß wurde auf den zweiten Platz gewählt. Welch großes Interesse auch die Fachwelt Gauß entgegenbringt, mag die Feier seines hundertsten Todestages im Jahre 1955 verdeutlichen: waren zum hundertsten Geburtstag 1877 etwa 20 Aufsätze in den diversen Zeitschriften erschienen, so waren es 1955 über hundert, und schließlich eine geradezu literarische Fülle gab es zum zweihundertsten Geburtstag 1977.

Die Gauß-Gesellschaft in Göttingen pflegt das Erbe von und die Erinnerung an Gauß, verbunden mit dem authentischen Ort der Sternwarte der Universität. Das Gauß-Museum in Braunschweig hatte sich im Geburtshaus des berühmten Wissenschaftlers befunden und wurde während der Bombenangriffe im Zweiten Weltkrieg zerstört.

Mit dem Verlust des historischen Ortes war jedoch nicht der Verlust der Erinnerung verbunden, zumal Carl Friedrich Gauß als Motiv des alten 10-DM-Scheines stets gegenwärtig blieb. Im Vordergrund der Überlieferung steht jedoch zumeist die wissenschaftliche Leistung des Gelehrten, sein persönliches Leben und die alltäglichen politischen Verhältnisse während seines Lebens spielen eher eine Nebenrolle. Carl Friedrich Gauß aber war auch ein Kind seiner Zeit, die es daher ebenso zu betrachten gilt, wie seine persönliche und familiäre Entwicklung. Diesen Hintergrund muß man kennen, um Gauß in der Unterschiedlichkeit und gelegentlichen Widersprüchlichkeit seines Charakters erfahrbar zu machen.

Was für ein Mensch war dieser Carl Friedrich Gauß, welches sind seine wissenschaftlichen Leistungen, die ihm einen so überaus lebendigen Nachruhm eingetragen haben, und in welcher geschichtlichen Zeit hat er gelebt und gewirkt?

Gesamtansicht der Stadt Braunschweig im 18. Jahrhundert.

Bildungsreform und Eliteförderung
Carl Friedrich Gauß und Braunschweig

»Ich schätze mich nach allem, was ich im Auslande gesehen und bemerkt habe, recht sehr glücklich, ein Deutscher, und zwar ein Braunschweigischer Deutscher zu sein[4]«, denn »nur zu Braunschweig lebt man frei und glücklich«[5]. Geradezu pathetischer Nationalstolz scheint in diesen Worten des Schriftstellers und Philanthropen Joachim Heinrich Campe (1746 – 1818) mitzuklingen, mit denen er in einem Brief an seinen Enkel Eduard[6] sein Verhältnis zu seiner Heimat treffend zusammenfaßte. Dabei meinte er nicht Land und Stadt Braunschweig im topographisch-politischen Sinn, sondern zielte in erster Linie auf die Person des Herzogs Carl Wilhelm Ferdinand (1735 – 1806), jenem »weisesten, klügsten und in allem Betracht verehrungswürdigsten Fürsten Deutschlands«.[7] Zweifellos darf die Epoche von Carl Wilhelm Ferdinand als bedeutendste Phase der Braunschweigischen Landesgeschichte der Neuzeit bewertet werden. Mit seiner Person war nicht nur die Auswirkung der Aufklärung im Fürstentum Braunschweig-Wolfenbüttel verbunden, sondern er hat zu ihrer Entwicklung im regionalen und europäischen Rahmen entscheidend beigetragen, was sich besonders im Bildungswesen zeigen sollte. Zunächst zur Person des Herzogs, der »11 Jahre lang in schwierigen Zeiten bedingungslos die Mittel für die Daseinsgrundlage seines Untertans [Gauß] bereitgestellt. Herzog Carl Wilhelm Ferdinand von Braunschweig verdient mit Recht, daß auch sein Name durch Gauß in den Himmel geschrieben ist, wie Zach es vorausgesagt hatte«.[8]

Am 9.10.1735 wurde der älteste Sohn des erst seit wenigen Wochen regierenden Braunschweigischen Herzogs Carl I. (1713 – 1780) und dessen Ehefrau Philippine Charlotte (1716 – 1801), einer Schwester Friedrichs des Großen (1712 – 1786) geboren. Carl Wilhelm Ferdinand[9] wuchs in einer Epoche grundlegenden politischen und gesellschaftlichen Wandels auf, und er sollte einer der prägenden Vertreter dieser neuen Zeit werden. Über Kindheit und Jugendzeit von Carl Wilhelm Ferdinand ist wenig bekannt, meist werden in den frühen Darstellungen zu seiner Person nur allgemeine Erkenntnisse fürstlicher Erziehung wiedergegeben.[10] Von wesentlicher Bedeutung für die Entwicklung des Erbprinzen im Geiste der Aufklärung und seine spätere Persönlichkeit wurde ohne Zweifel der Einfluß von Abt Johann Friedrich Wilhelm Jerusalem (1709 – 1789), den Herzog Carl I. 1742 als Erzieher seines damals siebenjährigen Sohnes und als Hofprediger berief.[11] Sehr bald nahm Jerusalem vielfältige Pflichten und Ämter wahr. So die Würde als Abt von Riddagshausen, er war Vizepräsident des Konsistoriums in Wolfenbüttel, Berater des Herzogs, Mitbegründer des Collegium Carolinum und schließlich Prinzenerzieher. Aus der Sicht der Herzogin Philippine Charlotte war er »ein christlicher Philosoph und einsichtsvoller Lehrer vernünftiger Gottesverehrung.«[12]

Betraut mit der Erziehung des Erbprinzen, trug Jerusalem entscheidend zu dessen Persönlichkeitsent-

Herzog Carl Wilhelm Ferdinand von Braunschweig (1735 – 1806), 1773. Förderer von C. F. Gauß.

wicklung als eines vorbildlich aufgeklärten Fürsten bei, die sich entscheidend auch auf seine spätere Regierungszeit auswirken sollte. In seinen regelmäßigen Berichten an Herzog Carl I. lassen sich der Fortgang und die Wirkung der Ausbildung des Erbprinzen nachvollziehen.[13] Kurz und bündig hatte Jerusalem darin die Charaktereigenschaften des Erbprinzen in zwei Worten zusammengefaßt: »Vernunft und Ehrgeiz«. Dabei ließ der Lehrer allerdings keinen Zweifel an der Widersprüchlichkeit im Charakter seines Schülers. Wichtig zum Verständnis der Persönlichkeit Carl Wilhelm Ferdinands und ihrer Entwicklung ist in unserem Zusammenhang eine kurze Darstellung der zugrunde liegenden politischen und gesellschaftlichen Voraussetzungen im Fürstentum Braunschweig-Wolfenbüttel.

Am Übergang zweier Epochen war Braunschweig-Wolfenbüttel zunächst geprägt von den »barock-absolutistischen« Fürsten Anton Ulrich (1633 – 1714) und August Wilhelm (1662 – 1731), denen mit relativ kurzer Regierungszeit die Herzöge Ludwig Rudolf (1671 – 1735) und Ferdinand Albrecht II. (1680 – 1735) folgten. Zwei Drittel des 18. Jahrhunderts aber standen ganz im Zeichen von Herzog Carl I. sowie seinem Sohn Herzog Carl Wilhelm Ferdinand. Sie verkörpern nicht nur einen Generationenwechsel, sondern zugleich den grundlegenden Wechsel der Herrschaftsform, und zwar vom Absolutismus hin zum aufgeklärten Absolutismus, der sich bei Carl Wilhelm Ferdinand bereits einer konstitutionell monarchischen Regierungsweise annähern sollte. Trotz aller Bedeutung der einzelnen Persönlichkeiten darf allerdings nicht vergessen werden, daß das Fürstentum Braunschweig-Wolfenbüttel letzten Endes zu den kleineren Territorialstaaten des Heiligen Römischen Reiches Deutscher Nation zählte und außerdem in neun voneinander getrennte Teile zergliedert war. In diesem Fürstentum lebten etwa 195.000 Menschen, davon fast ein Drittel in den Städten, die Mehrheit jedoch auf dem Lande. Die territoriale Zerrissenheit war ein ebenso wesentliches Kennzeichen des Fürstentums wie seine überwiegend agrarische Struktur, wodurch auch die politische sowie wirtschaftliche Entwicklung entscheidend mitbestimmt wurde. Noch war Wolfenbüttel in der ersten Hälfte des 18. Jahrhunderts die Residenz der Herzöge, jedoch verlagerten sich das politische Gewicht und das höfische Leben mehr und mehr in die Stadt Braunschweig, die seit 1671 ihrc weitgehende Selbständigkeit durch die welfische Eroberung unter Herzog Rudolf August (1627 – 1704) verloren hatte. Überregional sollte schließlich die Bindung an Preußen das Schicksal des Landes entscheidend bestimmen. Die bis dahin gewohnte enge Anlehnung an den Kaiser in Wien wurde zugunsten einer Annäherung an den König von Preußen aufgegeben, denn Berlin lag näher an Braunschweig als Wien. Ausdruck dieser veränderten dynastisch politischen Haltung wurde die Heirat zwischen Herzog Carl I. und der preußischen Prinzessin Philippine Charlotte sowie der Dienst braunschweigischer Prinzen im preußischen Militär. Dies galt in besonderem Maße für den Bruder des regierenden Herzogs, Herzog Ferdinand (1721 – 1792), der als preußischer Generalfeldmarschall und Sieger von Krefeld und Minden in die Annalen des Siebenjährigen Krieges (1756 – 1763) eingegangen ist.[14] Wie für seinen Onkel Ferdinand, so bedeutete auch für Carl Wilhelm Ferdinand die militärische Laufbahn ein wichtiges Betätigungsfeld für Ruhm, Selbstdarstellung und zur Befriedigung von persönlichem Ehrgeiz. Mehr noch als im Denken und Handeln eines aufgeklärten Fürsten, näherte er sich in seinem Interesse an der militärischen Laufbahn den Ideen und dem Vorbild seines berühmten Onkels Friedrich des Großen. Nimmt man dessen Äußerungen wörtlich, erreichten die militärischen Leistungen des Erbprinzen im Siebenjährigen Krieg geradezu den Rang von Heldentaten. So feierte der Preußenkönig seinen Neffen als Helden, indem er im Januar 1760 eine Ode auf ihn dichtete, und geradezu begeistert preist er ihn als den »großen unbesieglichen Heros seiner Zeit, den Turenne, Weimar und Condé seines Jahrhunderts.«[15] Kein Wunder also, daß sich das persönliche Verhältnis des Neffen zum großen Preußenkönig besonders eng entwickelte und gerade dessen hohe Einschätzung der militärischen Fähigkeiten – ob zu Recht oder nicht – hatte maßgeblich zum Ruf Carl Wilhelm Ferdinands als bedeutendster Feldherr des 18. Jahrhunderts beigetragen. Eine Äußerung Friedrichs des Großen vom 8.1.1760 mag dies verdeutlichen: »Ich bin ganz entzückt von ihm, von seinen Talenten, von seinem angenehmen Wesen, seinem Eifer für das Militär, von all den großen Gesichtspunkten, die er hat. Er wird uns alle überflügeln, uns alte Soldaten. Ich spreche zu Ihnen nicht so, weil er mein Neffe ist, sondern weil es die Wahrheit selber ist. Alle, die ihn sehen werden, und die das Verdienst zu schätzen wissen, werden sicherlich ebenso sprechen.«[16] Dynastisch politische Vernunft und wirtschaftliche Notwendigkeit dürften es dagegen gewesen sein, die 1764 zur Heirat von Carl Wilhelm Ferdinand mit der Schwester des englischen Königs Georg III. (1738 – 1820), Augusta (1737 – 1831), geführt haben. Nicht zuletzt die stattliche Mitgift der Braut schien schließlich ein Hoffnungsschimmer am dunklen Horizont des drohenden Staatsbankrotts Braunschweigs gewesen zu sein.

Die wirtschaftliche Lage des Fürstentums Braunschweig-Wolfenbüttel war zu dieser Zeit tatsächlich äußerst dramatisch. Das durch Carl I. noch ganz im Stile des Absolutismus regierte Land drohte an der kaum zu bewältigenden Staatsverschuldung zu zer-

Herzogin Augusta von Braunschweig (1737 – 1813), 1764.

Herzog Carl Wilhelm Ferdinand von Braunschweig (1735 – 1806), 1764.

brechen. Die hohe finanzielle Belastung durch den Siebenjährigen Krieg, aber noch mehr die Hofhaltung des Herzogs, schlugen in der Staatskasse negativ zu Buche. Prunkvolle Empfänge, ein reiches Kulturangebot und bedeutende Bautätigkeit als Ausdruck von Macht und Herrschaft von Carl I. erhöhten das Etat-Defizit ebenso, wie die ständig steigenden Belastungen für die Hofhaltungen der Herzogswitwen. Einen Einblick in dieses prunkvolle Hofleben bietet uns die russische Zarin Katharina II. (1729 – 1796), die in ihren Memoiren ihre Eindrücke beim Besuch am Braunschweiger Hof schilderte: »Der Hof von Braunschweig besaß damals wahrhaft königlichen Glanz. Das machten seine vielen prächtigen Gebäude mit ihrer Ausstattung, die höfische Lebensordnung, die vielen Menschen jeder Art, die dem Hofe angehörten, und die große Menge von Fremden, die beständig da waren sowie die Pracht und Großartigkeit der ganzen Lebensführung. Bälle, Opernaufführungen, Konzerte, Jagden, Spazierfahrten, Gastmähler wechselten Tag für Tag ab. Das habe ich während aller dieser Jahre wenigstens drei oder vier Monate in Braunschweig gesehen, von meinem achten bis zu meinem 15. Lebensjahr. Der preußische Hof war nicht annähernd so genau geregelt und machte nicht denselben Eindruck von Großartigkeit, wie der des Herzogs von Braunschweig.«[17] Auch die wenig erfolgreichen Wirtschaftsprojekte im Sinne des Merkantilismus[18] steigerten die Staatsschulden. Die kritische Wirtschafts- und Finanzlage des Landes führte schließlich dazu, daß 1768 erstmals wieder seit 1682 die Landstände einberufen wurden. Obwohl diese einen großen Teil der Kammerschulden übernahmen, blieb die Finanznot bestehen. Nach dem Tod des mächtigen Ministers Schrader von Schliestedt (1706 – 1773) konnte der Erbprinz seit 1773 schließlich selbst umfassend reformerisch tätig werden, indem er faktisch als Mitregent, und vielfach gegen den Willen und das Einsehen seines Vaters entscheidende Finanzreformen in die Wege leitete. Als erste wichtige Maßnahme richtete er 1773 das Finanzkollegium ein,[19] das von nun an die Einnahmen und Ausgaben des Staates kontrollierte, und zwang den Hof sowie die eigene Familie zu äußerster Sparsamkeit.[20] Entscheidend für die Sanierung des braunschweigischen Staatshaushaltes wurde aber der mit England am 9.1.1776 abgeschlossene Subsidienvertrag, aufgrund dessen braunschweigisches Militär im Krieg in Nordamerika eingesetzt wurde. Eine im 18. Jahrhundert keineswegs ungewöhnliche Maßnahme, die in der modernen Geschichtswissenschaft allerdings populistisch als »Verkauf von Landeskindern« verteufelt und zur negativen Charakterisierung Carl Wilhelm Ferdinands genutzt wird. Ein Brief von Gotthold Ephraim Lessing (1729 – 1781) an Eva König (1736 – 1778) vom 23.1.1776 läßt jedoch erkennen, daß diese Verfahrensweise nicht ungewöhnlich für die Zeit war: »Der Einfall ihres ältesten Sohn's ist so unrecht gar nicht, wenn er nur erst völlig und sicher kuriert ist. Wenn er dieses schon jetzt wäre; so könnte ich vielleicht in B(raunschweig) jetzt für ihn tun, was Sie in Wien getan haben wollten. Denn Sie werden es wohl wissen, daß B(raunschweig) 4000 Mann in englischen Sold gibt«.[21] Als Gegenleistung für die Bereitstellung eines für das kleine Fürstentum recht großen Truppenkontingentes erhielt Braunschweig 1776 bis 1786 insgesamt 2 Millionen Taler, eine wesentliche Grundlage für Carl Wilhelm Ferdinand, die Entschuldung des Staates erfolgreich zu betreiben.

Nach dem Regierungsantritt von Herzog Carl Wilhelm Ferdinand im Jahr 1780 erfolgte in diesem Zusammenhang als wichtigste Maßnahme das sogenannte Schuldenedikt vom 1.5.1794, das gelegentlich als Zeichen für den Übergang zu einer konstitutionellen Ära bewertet wurde. Mit diesem Schuldenedikt bestimmte der Herzog, daß ohne Zustimmung der Landstände keine Verschuldung oder Veräußerung von Domanialgut erfolgen könne. Eine solch freiwillige Selbstbeschränkung war für das 18. Jahrhundert ungewöhnlich, sicherlich wirkten hier bei Carl Wilhelm Ferdinand nicht nur die Gedanken der Aufklärung nach, die ihm durch die Erziehung von Abt Jerusalem und die enge Verbindung mit Friedrich dem Großen vertraut waren, sondern auch bereits die Ideen der Französischen Revolution. Dieser hatte der Herzog letztlich nicht so ablehnend gegenübergestanden, wie man etwa aus der Tatsache entnehmen könnte, daß er zwei Jahre zuvor noch das Koalitionsheer gegen Frankreich geführt hatte. Carl Wilhelm Ferdinand verkörperte in seiner Zeit das Bild eines aufgeklärt absolutistischen Herrschers in der zweiten Hälfte des 18. Jahrhunderts in geradezu idealer Weise nach dem Grundsatz »Dienst am Staat und für den Staat«. Diese Devise schloß neben den politischen, wirtschaftlichen und finanzpolitischen Entscheidungen auch entscheidend die Fürsorge in allen Bereichen des öffentlichen Lebens mit ein, und zwar in erster Linie die Fürsorge für die Menschen im Fürstentum Braunschweig-Wolfenbüttel. Im Mittelpunkt standen zwei große Reformvorhaben, die des Armenwesens und die Schulreform.

Eine ernste Folge der dramatischen Staatsverschuldung war das wachsende soziale Elend bei der Bevölkerung, verstärkt durch Abgaben und Steuerlasten, die das Normalmaß weit überstiegen. So hatten die Landstände 1770 zwar einen großen Teil der Kammerschulden übernommen, dies jedoch durch die Einführung einer Kopfsteuer und anderer Steuern wieder an die breite Masse der Bevölkerung weitergegeben.[22] Hinzu kam die Verelendung als Folge des Siebenjährigen Krieges, aber auch mehrerer Hungerkatastrophen.

Bereits Herzog Carl I. hatte sich zwar um die Verbesserung des Armenwesens verdient gemacht, aber weder seine Maßnahmen von 1742 noch die – durch den Erbprinzen geförderte – Gründung eines Armendirektoriums 1772 konnten die anstehenden Probleme grundlegend lösen. Allerdings bedeuteten die 1772 erstmals eingeführten festen Unterstützungssätze sowie die Kontrolle bei der Verteilung der Hilfen eine vorübergehend spürbare Verbesserung. In den 1790er Jahren erreichten die sozialen Mißstände im Lande erneut einen Höhepunkt und forderten nun eine grundlegende Lösung. Private Initiativen, aber auch Beispiele fürsorglicher Förderungen durch den Herzog selbst, reichten längst nicht aus, die soziale Not in den Städten und das Bettlerwesen in der Residenzstadt Braunschweig einzudämmen, vielmehr wurde eine durchgreifende Reform notwendig. Im Auftrag des Herzogs bemühte sich der 1801 zum Ge-

Plan der Stadt Braunschweig, 1798.

heimen Justizrat ernannte ehemalige Sekretär der Landschaft und Dichter, Johann Anton Leisewitz (1752 – 1806), schließlich erfolgreich um eine Reform des Armenwesens. Anstelle privater Mildtätigkeit sollten staatlich organisierte und kontrollierte Armenanstalten tätig werden. Ergänzend dazu sollte nach Hamburger Vorbild eine entsprechende Armenpflege organisiert werden. Mit finanzieller Förderung des Herzogs gelang die Umsetzung der mit einer Denkschrift vom 20.10.1802 vorgelegten Reform des Armenwesens, und der erste Biograph Carl Wilhelm Ferdinands, Carl Friedrich Pockels (1757 – 1814), vermerkt dazu: »Das schönste Denkmahl einer landesväterlichen Wohltätigkeit, welches sich der Herzog in den letzten Jahren seines Lebens stiftete, und dem der berühmte Leisewitz den letzten Theil seiner Tage voll edelster Humanität widmete, war die Aufhebung aller Betteley, indem man den Armen hinreichenden Unterhalt gab, oder sie zu nützlichen Arbeitern für das bürgerliche Leben machte. Der Herzog wurde in diesem Plane auf eine sehr edelmüthige Art durch die reichen Beyträge der Stadt Braunschweig unterstützt; – ein Beweis, wie viel und wie gern seine Unterthanen mitwirkten, wenn er sie in der Sprache des Landesvaters dazu auffordern ließ.«[23]

In dieser Aussage wird zugleich die positive Bewertung der Person von Herzog Carl Wilhelm Ferdinand als Landesvater erkennbar, indem zugleich seine Fürsorge für das Volk hervorgehoben wird.

Wie Carl Wilhelm Ferdinand seine Entschuldungspolitik und seine Armenreform in Anlehnung an die Ideen der Aufklärung vollzogen hat, so war die Berufung des späteren preußischen Staatskanzlers Karl August von Hardenberg (1750 – 1822) und seine 1782 erfolgte Ernennung zum Wirklichen Geheimrat ein Signal für den Willen des Herzogs, das Fürstentum Braunschweig-Wolfenbüttel grundlegend zu reformieren. Wie für die Finanzen und andere öffentliche Bereiche galt dies auch für das Bildungswesen.

Die Braunschweigische Bildungsreform

Das bildungspolitische Credo der Zeit formulierte der erfolgreichste pädagogische Schriftsteller des 18. Jahrhunderts, Joachim Heinrich Campe, in seiner Schrift *Über einige verkannte wenigstens ungenützte Mittel zur Beförderung der Industrie, der Bevölkerung und des öffentlichen Wohlstandes* folgendermaßen:

Joachim Heinrich Campe (1746 – 1818), Pädagoge, Kinderbuchautor, Volksaufklärer, Verleger, 1797.

»Will man eine Nation umformen, will man verständige, kluge, gewandte, emsige und wackre Menschen bilden: so gebe man die Alten auf, und schränke seinen Fleiß auf denjenigen Stoff ein, der noch bearbeitet werden kann, weil er noch nicht abgehärtet ist. In den Schulen, oder nirgends kann eine Nation zur Industrie, wie zu jeder andern moralischen und politischen Tugend gebildet werden.«[24]

Die anwendungsorientierte Ausbildung fand Eingang in die Hochschulen, vorbildhaft etwa die Neugründungen wie Halle (1694) und nach dessen Vorbild Göttingen (1737), aber auch die braunschweigische Landesuniversität Helmstedt oder das Collegium Carolinum in Braunschweig bemühten sich um derartige Neuerungen, die den Wünschen der ökonomisch orientierten Landesherren entsprachen. Mit den Hochschulen war auch das Ziel verbunden, die wirtschaftliche Entwicklung des Landes zu befördern. In den damaligen Reformuniversitäten wurden die Naturwissenschaften besonders gefördert, die Forschung betont und die Einrichtungen wie Bibliotheken, Sammlungen und Laboratorien ausgebaut. Lehr- und Lernfreiheit wurden verstärkt und gerade Halle und Göttingen »wurden zu Vorläufern der modernen Wissenschaftsuniversität«.[25]

Berufspädagogischer Spezialisierung dienten besonders zahlreiche Fachhochschulgründungen wie z.B. die Bergakademie in Clausthal-Zellerfeld (1775), ebenso spielten die Privatakademien und gelehrte Gymnasien noch eine gewisse berufspädagogische Rolle. Problematisch war es dort, wo allgemeiner praxisorientierter Unterricht auch zum Anspruch in der Elementarschule gehören sollte. »Nirgendwo kam die realistische Tendenz der Aufklärungspädagogik deutlicher zum Ausdruck als in der Industrieschulbewegung, die Arbeits- und Elementarunterricht untereinander verbinden wollte.«[26] So klagte

Campe: »Unsere Volksschulen sind – im Ganzen genommen und einige Ausnahmen abgerechnet – Schulen der Faulheit, der Stupidität und der Unbrauchbarkeit fürs Leben.«[27]

Verbesserungen dieser Situation, sobald sie über sozialpolitische Maßnahmen hinausgingen, stießen jedoch sofort auf Widerstand von Adel und Kirche sowie bestimmten Kreisen des Bürgertums, um die emanzipatorische Abgrenzung nach unten zu bewahren. Bevor wir das Beispiel einer geradezu vorbildhaften Schulreform in Braunschweig und die damit verbundenen Widerstände weiter betrachten, einige kursorische Anmerkungen zum Bildungswesen in Braunschweig als Grundlage der späteren Entwicklung unter Campe und Gauß.

Braunschweig, das sich im 18. Jahrhundert zu einem Zentrum der norddeutschen Aufklärung entwickelte, verfügte damals über ein insgesamt fortschrittliches Schulsystem. Bereits 1647 war die allgemeine Schulpflicht eingeführt worden, wenn auch die Abhängigkeit der Schule von der Aufsicht der Kirche nicht unproblematisch war. Bis 1682 hatte das Herzogliche Konsistorium in Wolfenbüttel die Schulaufsicht, bis dann das Geistliche Gericht als neue herzogliche Behörde diese Aufgabe in der Stadt Braunschweig übernahm. Bürgermeister, Stadtsuperintendent und ein Mitglied des Rates bildeten die oberste Schulbehörde, deren tatsächliche Befugnisse nie klar umrissen waren und daher vielfach Anlaß zu Streitigkeiten über Zuständigkeitsfragen bestand, so daß eine effektive Tätigkeit kaum möglich wurde.

In der Stadt Braunschweig finden wir in der ersten Hälfte des 18. Jahrhunderts zwei große Lateinschulen, das Catharineum und das Martineum. Das Catharineum stand unter dem Patronat des Herzogs und hatte am 8.7.1700 zwischen Hagenmarkt und Hagenscharrn einen Neubau beziehen können. Das Martineum war in städtischer Verwaltung. Daneben gab es noch das Aegidianum, eine kleine Lateinschule, in der nur die unteren Klassen einer Lateinschule bestanden, sowie zahlreiche Winkel- und Klippschulen, die der Vermittlung elementarer Rechen-, Schreib- und Lesefertigkeiten dienten. Außerdem bestanden auch eine Garnisonsschule und zwei kaufmännische Schreibschulen im Hagen und in der Altstadt. Eine besondere Entwicklung nahm in dieser Zeit die Waisenhausschule, die zwischen 1676 und 1678 als »Armen-Waisen-Zucht- und Werkhaus« gegründet worden war. Der 1750 als Pastor der Liebfrauenkirche berufene Johann Arnold Anton Zwicke (1721 – 1778) übernahm zugleich die Leitung der Waisenhausschule. In der Tradition der Franckeschen Stiftungen in Halle und nach dem Vorbild der 1747 in Berlin von Johann Julius Hecker (1707 – 1768) gegründeten ersten Realschule organisierte er die Waisenhausschule in Braunschweig vollständig neu. »Zwickes Absicht ging nun dahin, die seiner Leitung überwiesene Anstalt in der Weise umzuwandeln, daß einerseits neben den Waisenkindern auch Knaben und Mädchen aus der Stadt Zulaß erhielten, andererseits aber durch Erweiterung des Lehrstoffs in ausgedehnter Weise auf die Bildungsbedürfnisse des Mittelstandes Rücksicht genommen würde«[28]. Auch im Land Braunschweig gab es eine insgesamt zufriedenstellende Schulversorgung, allerdings waren die Elementarschulen dringend reformbedürftig. Auch drängende soziale Probleme der Lehrerschaft galt es zu lösen. Wer nämlich nicht durch Nebentätigkeiten zusätzliche Einnahmen erhielt, lebte in bitterer Armut. So sind aus den Schulakten des Catharineums zwei bezeichnende Beispiele des Jahres 1740 belegt. Damals starb der Lehrer der siebten Klasse, Septimus Hase an Hunger, und derjenige der sechsten Klasse, Kölbel, konnte wegen Krankheit und Unterernährung keinen Unterricht mehr geben. Diese Sozial- und Bildungsprobleme erkannte bereits Herzog Carl I., der mehrere Reformversuche unternahm. Von hervorragender Bedeutung war dabei die Landschulordnung aus dem Jahr 1753, die zu den bedeutendsten Schulgesetzen der Zeit in Deutschland gezählt wird. Aber nicht nur die Schulen kennzeichneten ein fortschrittliches Bildungssystem, das Fürstentum Braunschweig-Wolfenbüttel verfügte auch über eine traditionsreiche Landesuniversität. Die 1576 in Helmstedt gegründete Julia Carolina besaß besonders in den Fachbereichen Theologie und Rechtswissenschaften einen guten Ruf unter den damaligen deutschen Universitäten. Wenn die Bedeutung der Universität Helmstedt im 18. Jahrhundert immer stärker zurückging, so lag die Ursache dafür in der Gründung der kurfürstlichen Universität Göttingen (1734 – 1737). Hinzu kam, daß sich Hannover 1745 aus der gemeinsamen Trägerschaft und Finanzierung der Helmstedter Universität zurückzog. Der Unterhalt wurde nun für Braunschweig eine erhebliche Belastung. Dennoch bemühte sich die herzogliche Regierung durch umfassende Baumaßnahmen und die Einstellung angesehener Professoren, den Zustand und das Ansehen der Landesuniversität zu heben. Die Übersicht über die Bildungseinrichtungen in der ersten Hälfte des 18. Jahrhunderts im Braunschweigischen muß abschließend noch die von 1687 bis 1715 in Wolfenbüttel bestehende Ritterakademie berücksichtigen, von der konzeptionelle Verbindungen bis zum Collegium Carolinum reichten.

Bereits seit der 1745 erfolgten Gründung des Collegium Carolinum zeigten sich allerdings auch ernsthafte Bestrebungen zu einer Bildungsreform im Braunschweigischen.[29] Aber erst 1786 ging Carl Wilhelm Ferdinand, unterstützt vom Minister Hardenberg, diese Reform konkret an mit der Berufung

Karl August Fürst von Hardenberg (1750 – 1822), um 1820.

von Joachim Heinrich Campe zum ersten deutschen Schulrat. Auf dessen Vorschlag erfolgte noch die Berufung der beiden Reformpädagogen Johann Stuve (1752 – 1713) und Ernst Christian Trapp (1745 – 1818) nach Braunschweig sowie die Errichtung des Fürstlichen Schuldirektoriums am 12.6.1786.

Wesentliche Grundzüge der aufsehenerregenden Bildungs- und Schulreform faßte der Herzog in seiner Verordnung vom 12.6.1786 folgendermaßen zusammen:

»Der Einfluß welchen gut eingerichtete Schul- und Erziehungs-Anstalten auf das Wohl und die Glückseligkeit der Menschen haben, ist so groß und wichtig, daß für die gute Beschaffenheit dieser Anstalten nicht eifrig und sorgfältig genug gesorget werden kann«. Er stellte fest, »daß eine bessere, und für die vielerley Stände Unserer Unterthanen zweckmäßigere Einrichtung der sämmtlichen Schulen in Unsern Landen, einer dazu besonders anzuordnenden unmittelbaren Commission allein aufgetragen, und solchergestalt alle Schulen, von der untersten an, in eine zur gemeinschaftlichen Erhaltung und Aufnahme gereichende Verbindung gesetzt werden möge«.[30]

Diese Reform sollte also nicht nur konzipiert, sondern auch umgesetzt werden, weshalb der Herzog auch anordnete, »alle demjenigen willige und gehorsame Folge zu leisten, was das Schul-Directorium wegen Abschaffung der bisherigen, oder Einführung neuer Schulbücher, imgleichen wegen der Lehrmethode, des Unterrichts, und überhaupt in allem was das Schulwesen betrifft, verfügen und festsetzen wird«.[31]

SERENISSIMI
Verordnung,
die
Errichtung eines Schul-Directorii über die sämmtlichen Schulen in hiesigen Landen betreffend.

d. d. Braunschweig, den 12ten Junii, 1786.

Verordnung zur Reform des braunschweigischen Schulwesens, 1786.

Die im Sinne der Aufklärung betriebene und durch die philanthropische Erziehungsbewegung getragene Reformidee, wie sie Campe ursprünglich formuliert hatte und der sowohl der Herzog als auch Hardenberg grundsätzlich zustimmten, sah also vor allen Dingen die Lösung des Schulwesens aus der Aufsicht der Kirche und des Konsistoriums vor. Die Gegner, insbesondere die orthodoxe Geistlichkeit, reagierten heftig und sprachen sogar von einer geplanten »Schulrevolution«. Richtete sich der Widerstand der orthodoxen Geistlichkeit vornehmlich gegen die pädagogischen und theologischen Folgen der Reformideen, so organisierten auch die Landstände ihren Widerstand, jedoch aufgrund der mit der Reform verbundenen Verstöße gegen ihre Standesinteressen. Sie stellten sogar das Recht des Fürsten in Frage, das Schul-Direktorium überhaupt einsetzen zu können! Dieser Konflikt eskalierte schließlich, wobei es nicht primär um die aufklärerischen Erziehungsziele ging, die Campe 1785 in seinen *Vorschlägen zur Schulverbesserung* skizziert hatte, durch bessere Ausbildung und Arbeitsbedingungen qualifiziertere Lehrer zu gewinnen, die mit neuen Lehrbüchern besser unterrichten können; die Volksschulen in Industrieschulen umwandeln sowie eine weitgespannte Ausbildungsreform: »Unter allen Sonderbarkeiten und Mängeln der bisherigen bürgerlichen Verfassungen ist mir zweierlei von jeher ganz besonders aufgefallen; und das ist: erstlich die große und unverzeihliche Nachlässigkeit, deren sich bisher fast alle Staaten in Ansehung der Erziehung der allerzahlreichsten und nützlichsten, ja fast der einzigen wirklich erwerbenden Classen ihrer Unterthanen – der Bauern und der Bürger – schuldig gemacht haben; und zweitens die noch größere und fast unverzeihlichere Vernachlässigung der gesammten zweiten Hälfte der Menschheit – des weiblichen Geschlechts, besonders in Ansehung der gesitteten Stände. Käm ein Mondbürger herab auf unsere Erde ... würde er in sein Tagebuch schreiben ..., ›daß die zahlreichen Classen derjenigen Erdbewohner, welche ihre müßigen, verzehrenden und gebietenden Brüder füttern müssen, so dumm und viehisch als möglich bleiben ... und was das weibliche Geschlecht, besonders in den gesitteten Ständen betrift, so scheint es den besagten Staaten gleichviel zu seyn, ob Menschen oder Meerkatzen daraus werden, so wenig bekümmern sie sich darum!‹ «[32]

Die Landstände richteten ihren Angriff zwar gegen die Landschulreform, sahen das Hauptproblem jedoch in der Schaffung einer dem Fürsten direkt unterstellten Zentralbehörde: »Durch diese Bindung an die Zentralgewalt wurde sowohl der durch den aufgeklärten Absolutismus angestrebte zentralistische Verwaltungsaufbau gefestigt als auch die traditionellen Träger der standesstaatlichen Ordnung zu weiterer politischer Bedeutungslosigkeit verurteilt.«[33] Die Auseinandersetzung war heftig und wurde ein Lehrstück, wie durch politische Intrigen, Agitation und Denunziation von Inhalten und Personen wichtige, allgemein als notwendig erkannte Reformen aus Standesinteressen und Machtgehabe verhindert werden können. Engstirnige Geistlichkeit und Standesdünkel selbsternannter Führungseliten der Landstände verhinderten so den ersten deutschen Versuch, eine sachorientierte und kirchenunabhängige Schulverwaltung zu etablieren.

Am 6.4.1790 scheiterte das Reformvorhaben mit der Aufhebung des Schuldirektoriums endgültig. Die Unentschlossenheit des Herzogs, den Reformgegnern entschieden entgegenzutreten, Finanzprobleme und die als Folge der Französischen Revolution auftretenden restaurativen Entwicklungen mit ihrer antiaufklärerischen Tendenz waren wesentliche Voraussetzungen für den Mißerfolg. Letzten Endes scheiterte das Reformvorhaben »auch weil der an einer Stärkung der Zentralgewalt und der damit verbundenen Ausweitung seiner politischen Macht interessierte aufgeklärt-absolutistische Herrscher Karl Wilhelm Ferdinand und seine leitenden Beamten – an ihrer Spitze Hardenberg – nicht genügend politische Macht besaßen bzw. einsetzen konnten oder wollten, um die Schulreform gegen die innenpolitischen Gegner durchzusetzen.«[34] Dennoch blieb das Interesse des Herzogs an Bildungsförderung und Reform von Ausbildung und Wissenschaft ungebrochen. Politische Entscheidungen und Reformversuche lassen dabei die Beziehung von Carl Wilhelm Ferdinand zur Aufklärung bereits deutlich werden. In seiner Zeit entwickelte sich Braunschweig-Wolfenbüttel zum Zentrum der Aufklärung in Niedersachsen.[35]

Die entscheidende Veränderung der gesellschaftlichen Voraussetzungen seit der Mitte des 18. Jahrhunderts war das Aufbrechen der starren Normen und der Hierarchie des alten noch weitgehend ständisch strukturierten Gesellschaftssystems. Entscheidende Kräfte, die eine Aushöhlung des bestehenden Standessystems bewirkten, waren der hohe Bedarf des Staates an qualifiziert ausgebildeten Verwaltungskräften zur Steigerung der wirtschaftlichen Effektivität sowie neue funktionsbedingte Führungsschichten in Handel, Militär und Wissenschaft mit hohem Bildungsanspruch. Allmählich entwickelte sich eine neue soziale Klasse als Grundlage eines Bildungsbürgertums bzw. eines durch Bildung definierten Mittelstandes. Getragen wurde dieser Aufklärungsprozeß zunächst von einer eher unauffälligen Gelehrtenschicht, allmählich dehnte sich deren Wirkung aber auf alle Gebildeten der Gesellschaft aus. Damit entstand eine durch Leistung, Beruf und Verdienst definierte Klassengesellschaft (schon Abt Jerusalem vermerkte zu Carl Wilhelm Ferdinand: »und der leere Adelsstolz erregte seinen lauten Unwillen«[36]), deren ständeübergreifendes Bildungsstreben entscheidend die neue soziale Rolle bestimmte. »Der Gebildete repräsentiert einen neuen Status jenseits der tradierten ständischen Schranken, die in den wesentlichen sozialen Beziehungen gerade des politischen Lebens natürlich aufrechterhalten bleiben.«[37] Dennoch fanden sich neue Orte sozialer Beziehungen, die diese traditionellen Schranken zu überwinden verstanden. Neue Formen der Kommunikation der Gebildeten schufen die Grundlagen einer schnellen Ausbreitung dieser Kultur der Aufgeklärten in Europa. Dies erfolgte überwiegend im privaten Rahmen. Dazu zählten Institutionen als Vermittlungszentren der neuen Ideen ebenso wie Medien (Buch, Zeitung, Brief u.a.), die für eine breite Wirkung sorgten, und Universitäten oder Akademien entwickelten sich zu geistigen Hochburgen der Aufklärung weit über lokale oder nationale Grenzen hinweg. Innerhalb des gesellschaftlichen Rahmens sind schließlich auch neue Kommunikationsorte bzw. Organisationsformen entstanden, wie die Patriotische Gesellschaft in Hamburg, der Große Club in Braunschweig, Freimaurerlogen und Geheimgesellschaften, Gesprächs-, Freundschafts- und private Lesezirkel bildeten solche Orte und neue Organisationsformen der Aufklärungsgesellschaft, die wie keine andere Gesellschaft vorher und nachher eine Kommunikationsgesellschaft war. Alleine von den sogenannten Lesegesellschaften gab es am Ende des 18. Jahrhunderts in Deutschland etwa 430 Einrichtungen. Neben diesen öffentlichen Einrichtungen bestanden private Kreise, wie etwa im Haus von Johann Wilhelm Ludwig Gleim (1719 – 1803) in Halberstadt, im Umfeld des Berliner Verlegers Christoph Friedrich Nicolai (1733 – 1811) sowie an fürstlichen Residenzen wie beispielsweise am Weimarer Hof bei Anna Amalia (1739 – 1807) oder dem Braunschweiger Hof im Umkreis von Herzog Carl Wilhelm Ferdinand. Überall hier traf man sich, um Kenntnisse, Fragen und Neuigkeiten aus Wissenschaft, Literatur, Wirtschaft, Politik und Kunst auszutauschen, zu diskutieren und weiterzugeben. Diese »Gesellschaft der öffentlich Schreibenden und Lesenden«[38], deren primäres Anliegen die Befriedigung eines ungeheuren Informationsbedürfnisses war, entwickelte sich allmählich zu einer »neuen Hofgesellschaft«[39], die auch Träger umfassender Reformbewegungen werden sollte.

Entscheidenden Anstoß erhielt die Aufklärung im Fürstentum Braunschweig-Wolfenbüttel im Zusammenhang mit dem Wechsel des Hofes von Wolfenbüttel nach Braunschweig in der Mitte des 18. Jahrhunderts. Damit verbunden war ein gravierender Bedeutungsverlust für Wolfenbüttel, aber auch für Helmstedt und die dortige Landesuniversität. In Braunschweig setzten gleichzeitig die Entwicklung und der Ausbau zur Residenzstadt ein, die geprägt war von der Tradition einer einst mächtigen Händler- und Handwerkerschicht und deren Begegnung mit den Vertretern des Hofes sowie des Bürgertums und des Gelehrtenstandes. So entstand mit Braunschweig in der zweiten Hälfte des 18. Jahrhunderts neben Berlin und Hamburg ein weiteres großes städtisches Zentrum der Aufklärung im nordöstlichen Deutschland. Der Hof spielte zugleich eine bedeutende Rolle als regionale Vermittlungsinstanz der Aufklärungsidee, weshalb Ernst Hinrichs Braunschweig nicht zu unrecht als »großstädtisch-höfisches Modell der Aufklärung«[40] definiert. Die Braunschweigischen Herzöge »fühlten sich stets mit den gelehrten Geistern ihrer Zeit verbunden und verstanden es, eine überraschend große Zahl von ihnen auf unterschiedliche Art an den Hof zu binden«[41]. Entscheidend dabei waren in der ersten Hälfte des 18. Jahrhunderts als Mittelpunkt und zentrale Bezugsperson der Prinzenerzieher Abt Friedrich Wilhelm Jerusalem und als In-

Abt Johann Friedrich Wilhelm Jerusalem (1709 – 1789), der Erzieher des Erbprinzen Carl Wilhelm Ferdinand und 1745 Mitbegründer des Collegium Carolinum in Braunschweig.

stitution das von ihm initiierte Collegium Carolinum[42]. Jerusalem, aufgeklärter Theologe und zugleich ein Mann des Hofes, war der richtige Vordenker für eine fortschrittliche Bildungsanstalt, die 1745 eröffnet, eine »Pflantzschule« für die Ausbildung einer dringend benötigten fachlich vorgebildeten Beamtenschaft ebenso war, wie der Vorbereitung zum Universitätsstudium dienen sollte[43].

An den Gedanken der Aufklärung orientiert, gewann das Collegium Carolinum zunehmend Popularität bei den Gelehrten. Es war die Verbindung zwischen Geisteswissenschaften (Humaniora) und Naturwissenschaften (Naturalia) sowie der Kunst, die dieser höheren Lehranstalt eine gewisse Popularität in Gelehrtenkreisen verschaffte. Dabei muß für die zweite Hälfte des 18. Jahrhunderts jedoch kritisch angemerkt werden, daß die Bedeutung und Wirkung des Collegium Carolinum höchst ambivalent war, denn das universitäre Bildungsangebot im Braunschweigischen litt entschieden unter der Konkurrenz der hannoverschen Universität in Göttingen. Ein zukunftsorientierter Plan der Zusammenlegung der Landesuniversität Helmstedt mit dem Collegium Carolinum in Braunschweig zu einer konkurrenzfähigen Universität, wie ihn der reformfreudige Minister Karl August von Hardenberg 1790 noch durchzusetzen versuchte, scheiterte an der Unentschlossenheit von Herzog Carl Wilhelm Ferdinand und dem eifersüchtigen Kleinkrieg lokalorientierter Krämerseelen in Stadt und Land. Dennoch: die Ansätze eines außergewöhnlichen schöngeistig-technologischen Bildungskonzeptes und der namhafte Kreis aufgeklärter Professoren, die durch Abt Jerusalem jeweils gewonnen werden konnten, verschafften dem neuen Bildungsinstitut eine Mittelpunktsfunktion für die Aufklärung in Braunschweig.

Der Boden für eine gelungene kulturelle Symbiose war in Braunschweig bereits bereitet. Die einst seit dem Mittelalter blühende und reiche Kaufmanns- und Hansestadt besaß eine für die Zeit ungewöhnliche Breite städtischer Kultur und Kulturträger mit langer Tradition. Seit 1690 bestand das Herzogliche Hoftheater am Hagenmarkt als Mittelpunkt einer langen Theatertradition, die mit bedeutenden Schauspieltruppen verbunden war, die im 18. Jahrhundert das Fürstentum aufsuchten[44]. In Blankenburg erreichte etwa die Theaterprinzipalin Friederike Caroline Neuber (1697 – 1760) mit ihrer Theatergruppe regelmäßig beachtenswerte Erfolge. Im Theatersaal des Wolfenbütteler Schlosses[45] traten bekannte Wandertruppen ebenso auf, wie in dem 1714 eröffneten großen Kaffeehaus von Franz Heinrich Wegener (gest. 1745) in Braunschweig. An all diesen Orten nahmen Adel und Bürgertum gemeinsam teil am kulturellen Angebot und überschritten so die traditionellen Standesgrenzen. Der wohl wichtigste Treffpunkt der Braunschweiger Aufklärungsgesellschaft aber sollte das Hotel d'Angleterre mit seinem 1780 eröffneten Großen Club werden. Mitglieder aus Adel, Kaufmannschaft, Militär, hoher Beamtenschaft und besonders viele Professoren des Collegium Carolinum fanden sich hier »öffentlich« zusammen[46]. Es waren nur die führenden Eliten der Gesellschaft, die diese letztlich doch begrenzte Öffentlichkeit ausmachten. Man traf sich zum Gespräch, zur Diskussion, zum gemeinsamen Spiel oder auch zur Lektüre der in großer Zahl ausliegenden deutschen und ausländischen Journale. Die neue Öffentlichkeit, die sich in Beiträgen der Journale durchaus kritisch zu den Zeitverhältnissen äußerte, fand nicht immer Zustimmung bei der Obrigkeit. Die Zensur wurde allgemein verschärft. Auch Carl Wilhelm Ferdinand war keineswegs erbaut, jedoch handelte er pragmatisch: »Ihm war diese Publicität sehr zuwider, aber da sie nun fast durch ganz Deutschland herrschte; so bequemte er sich, als ein kluger Mann, nach dieser Sitte oder Unsitte, – und stand so bis an die letzten Jahre seines Lebens als der geachtetste Fürst Deutschlands auch in den Annalen der Literatur da.«[47]

Mit dem Braunschweiger Großen Club haben wir ein exemplarisches Beispiel vor uns, wie im privaten Bereich durch Gespräch und Umgang geburtsständische Grenzen und Privilegien überwunden werden und die Menschen einen neuen gesellschaftlichen Freiraum gewannen. Dieser »Bildungsadel« konnte soziale Anerkennung jedoch nur durch staatliche Unterstützung gewinnen, daher war eine enge Bindung zum Hof eine wichtige Voraussetzung für die Durchsetzung und Vermittlung aufklärerischer Ziele. In dieser Phase bestand ein zwangsläufiges Miteinander. Hier war daher der Hof gefordert. Tatsächlich leistete der Braunschweiger Hof einen entscheidenden Beitrag zu dieser Entwicklung. »Am Hofe des Herzogs Carl Wilhelm Ferdinand herrschte jene Urbanität, durch welche Geschmack und gründliche Bildung sich kennzeichnet«, urteilte der Zeitgenosse Ernst Heinrich Christian Heusinger (1792 – 1884)[48].

Herzog Carl Wilhelm Ferdinand bemühte sich mit Erfolg, berühmte Dichter und Schriftsteller, herausragende Gelehrte, Künstler und Verleger für seine Dienste und im Interesse der Residenzstadt zu gewinnen, denn Kultur, Kunst, Wissenschaft im Geiste der Aufklärung galt das besondere Interesse des Hofes. Es sei nur an die Ernennung Gotthold Ephraim Lessings zum Bibliothekar der Herzoglichen Bibliothek in Wolfenbüttel erinnert[49]. Diese Berufung hatte Carl Wilhelm Ferdinand noch als Erbprinz ermöglicht, vermittelt durch den Professor für englische Literatur am Collegium Carolinum, Johann Arnold Ebert (1723 – 1795), einem der wichtigen Lehrer von Gauß am Collegium Carolinum. Lessing und sein Braunschweiger Freundeskreis stellten einen Kristallisationspunkt der Aufklärung in Braunschweig dar. Ihre Zusammenkünfte im »Großen Weghaus« machten diese Einrichtung zu einem weiteren wichtigen Ort der Kommunikation, der zugleich ein kulturelles

Gotthold Ephraim Lessing (1729 – 1781), Bibliothekar der Herzoglichen Bibliothek in Wolfenbüttel, 1781.

Bindeglied zwischen Braunschweig und Wolfenbüttel darstellte.

Das Beispiel von Joachim Heinrich Campe zeigte aber auch, daß die enge Bindung an den regierenden Herzog keineswegs automatisch Anerkennung bei der Braunschweiger Oberschicht bzw. Bildungsschicht bedeutete. Ganz im Gegenteil. Schon immer hatte und hat sich nämlich die Braunschweiger Führungsschicht durch enges ›Kastendenken‹ und Abgrenzung ausgezeichnet. Zwar betonte Campe in seiner Anfang 1787 entstandenen Schrift *An meine Freunde* seine guten Verbindungen zu den »Edelsten unter den Edlen«[50] und nennt in diesem Zusammenhang die führenden Braunschweiger wie Abt Jerusalem, Ebert, Karl Christian Gärtner (1712 – 1791), Jacob Mauvillon (1743 – 1794), Johann Joachim Eschenburg (1743 – 1820) u.a. namentlich. Dabei mag aber auch ein gewisses Wunschdenken eine Rolle gespielt haben. Auffallend ist nämlich, daß Campe ganz offenbar nicht Mitglied im Großen Club war, obwohl zu dieser Vereinigung »stets die Spitzen der bürgerlichen Gesellschaft«[51] kamen. Der Große Club als Ort der Meinungsbildung und des Meinungsaustausches grenzte sich gegen die von Campe und Trapp vertretene radikal aufgeklärte Strömung strikt ab. Vor diesem Hintergrund wird verständlich, warum die radikale Aufklärung in Braunschweig in der Regierungszeit von Carl Wilhelm Ferdinand allgemein kaum in Erscheinung trat. Campe, Trapp, Stuve und Heusinger schufen daher mit ihrem *Braunschweigischen Journal* ein eigenes Diskussionsforum von internationaler Bedeutung und zugleich Sprachrohr der radikalen Spätaufklärung sowie des Philanthropismus in Braunschweig, sozusagen als Reaktion auf das Scheitern der Braunschweiger Schulreform.

Trotz allem konnte Joachim Heinrich Campe auf tatkräftige Hilfe und Förderung durch Herzog Carl Wilhelm Ferdinand rechnen. Entsprechend positiv war seine persönliche Haltung gegenüber dem Fürsten, womit er uns zugleich interessante Einblicke in die zeitgenössische Charakteristik des Herzogs ermöglicht. So feierte Campe 1790 im *Denkmal der Liebe*[52] den »allverehrten Fürsten«, der als »weiser Vater« ein lehrreiches Beispiel für ein aufgeklärtes Regiment bietet, denn »wo ist das Land oder das Ländchen in Europa, welches – in so fern dies von der Landesregierung abhängt – sich einer größern Denk= Glaubens= und Preßfreiheit rühmen dürfte, als diejenige ist, welche Gott durch unsern erleuchteten Fürsten dem unsrigen geschenkt hat?«[53]. Noch deutlicher wurde er in seiner Vorrede zu den Briefen aus Paris am 12.11.1789: »Wenn dieses unbedeutende Werkchen schon längst vergessen und der Name seines Verfassers schon längst verweht sein wird, so wird die Tatsache, daß ein deutscher Schriftsteller zu einer Zeit, da der Denk- und Preßfreiheit in Deutschland neue Schranken gesetzt waren, in diesem Lande und unter diesem Fürsten wie der Bürger eines Freistaates schreiben durfte, noch in den Jahrbüchern der Menschheit aufbewahrt werden und in dem unvergänglichen Ehrenkranze dieses großen Fürsten als einer der schönsten Edelsteine glänzen. Doppelt und dreifach wird die Nachwelt das ihr heilige Gedächtnis des seltenen fürstlichen Mannes ehren, der schon bei so mancher Gelegenheit, im Felde und im Kabinette, der Deutschen Schutzgeist war und der nun auch jetzt, zu einer Zeit, da die Despoten alle vor ihren Sklaven zittern, auf sein glückliches und dankbares Volk wie ein Vater auf seine Kinder ruhig herablächeln und ihnen gern gestatten kann, sich laut zu freuen, daß andere Völker in andern Ländern es nun auch bald ebensogut haben werden, als der glückliche Braunschweiger es schon lange hatte«[54]. Solch positive Bewertung war jedoch keineswegs nur eine einseitige persönliche Meinung Campes. So ist auch in einer anonymen Reaktion auf Campes Briefe aus Paris in der *Wiener Zeitschrift* 1792 zu lesen: »Bekanntlich ist der Herzog von Braunschweig einer der weisesten, klügsten, und in allem Betracht verehrungswürdigsten Fürsten Deutschlands«[55]. Ausländische Beobachter betonten ebenfalls die ungewöhnliche Toleranz von Carl Wilhelm Ferdinand, und weitere Stimmen der Zeit bieten uns die Möglichkeit, ein überzeugendes Bild der Persönlichkeit des Herzogs in der Meinung der Zeitgenossen zu vermitteln. 1781 hatte sich Lord John Stanley ähnlich positiv zu Carl Wilhelm Ferdinand geäußert: »Der Herzog war ein vernünftiger Mann mit ausgezeichneten Manieren, das Muster eines wohlerzogenen Gentlemans, höflich mit Würde. Er sprach mit jedermann offen, ohne zu Vertraulichkeit einzuladen, war allgemein so gut informiert, daß die Unterhaltung mit ihm angenehm war. Seine Regierung des Herzogtums war vernünftig und milde, aber er war gezwungen, sparsam zu sein, um die Schulden seines Vaters zu bezahlen«[56].

In der Person von Carl Wilhelm Ferdinand haben wir das fürstliche Gegenbild zur Aufklärungsgesellschaft Braunschweigs vor uns. Seine Regierung war auf Vernunft aufgebaut, Verdienst sah er nur in echter Leistung, nicht durch Geburt gegeben, und gegen die Zensur setzte er sich stets ein. Selbst in den Auseinandersetzungen nach der Französischen Revolution scheute er nicht den Konflikt mit dem Kaiser in Wien oder dem preußischen König Friedrich Wilhelm II. (1744 – 1797), um eine weitgreifende Zensur im Fürstentum zu verhindern.[57] Entsprechend groß war sein Ansehen in der Bevölkerung.

Ein Höhepunkt in der öffentlichen Würdigung des Herzogs wurde das Jahr 1794. Das Ansehen des Fürsten in der Meinung der Braunschweigischen Öffentlichkeit spiegelte sich in zahlreichen Feiern und unzähligen Publikationen nach der Rückkehr von dem Feldzug gegen Frankreich wider.[58] Johann Arnold Ebert, Professor am Collegium Carolinum, faßte den Jubel, die Begeisterung und den Braunschweigischen Patriotismus dieser Tage in einem vielfach verbreiteten Festgedicht zusammen. Ein Vers mag als Beleg in unserem Zusammenhang genügen:

»Wer für sein deutsches Vaterland
Nicht von gerechtem Eifer brennet,
Der werde von der Brut verbannt,
Die weder Recht noch Freyheit kennet!
Vom *deutschen* Volk ein Theil zu seyn
Ist Ehr' und Glück. – O BRAUNSCHWEIG, *dein*
Ist dieser Ruhm und diese Freude.
Und wenn ein Fürst, wie *Du* es bist,
O CARL, des Landes Vater ist:
Auch *das* ist Glück und Ruhm für *beide*.«[59]

Am Ende des Jahrhunderts

Die Bilanz des Herzogs war in den letzten Jahren des Jahrhunderts außenpolitisch negativ geprägt. Mitten aus den Verhandlungen über eine Führung des französischen Revolutionsheeres heraus[60] kam für ihn der Auftrag des preußischen Königs, die Koalition gegen Frankreich zu führen. Es lag für Carl Wilhelm Ferdinand zweifelsohne eine besondere Tragik in der Entwicklung zu Beginn des Jahres 1792, war seine Person doch zunächst für die Zwecke jener Revolutionsarmee gefordert, gegen die er dann als Oberbefehlshaber des Koalitionsheeres ins Feld zog. Am 11.1.1792 hatte ganz im Sinne von Jacques Pierre Brissot (1754 – 1793) Maximilian Robespierre (1758 – 1794) seine Landsleute aufgerufen: »Franzosen! Männer des 14. Juli, die ihr die Freiheit ohne Führer und Herren zu erobern wußtet, kommt, laßt uns diese Armee bilden, welche das Weltall befreien soll.«[61]

Welche Armee aber sollte es sein, wer sollte sie aufstellen, ordnen und schließlich gegen die zu erwartende Übermacht des absolutistischen »Sklavenheeres« führen? So eigenartig es klingt, man sah damals in Frankreich die Lösung zur Reorganisation des Revolutionsheeres in der Person des Herzogs von Braunschweig. Man glaubte ihn aufgeschlossen gegenüber den Zielen der Französischen Revolution und hielt ihn letztlich für ehrgeizig genug, eine solche Herausforderung anzunehmen. Aus dieser Idee des französischen Kriegsministers Louis Graf von Narbonne (1735 – 1833) wurde schließlich Anfang Januar 1792 eine diplomatische Mission des 23jährigen Louis Philippe François Custine, Sohn des Generals Adam Phillipe Graf von Custine (1740 – 1793), nach Braunschweig. Custine war ein Freund Narbonnes und Bewunderer von Germaine de Staël (1766 – 1817), in deren Pariser Salon erstmals dieser Plan im Kreise der Feuillants diskutiert worden sein soll. Dies ist insofern von Interesse, als dieser Kreis auch beschuldigt wurde, dem Herzog von Braunschweig, der durchaus Sympathien in revolutionären Kreisen in Paris genoß, sogar als Gegenleistung den Thron von Frankreich in Aussicht zu stellen.[62] Noch am 1. und 2.9.1792 habe daher Robespierre eine große Verschwörung aufgezeigt, die das Ziel gehabt habe, dem Herzog von Braunschweig den Thron von Frankreich anzubieten.[63] Auch in anderen Zeugnissen der Zeit, so in einem Brief des Abgeordneten Georges Couthon an die Wähler von Puy-de-Dôme, und in den Memoiren von Marie Joseph Motier Marquise de La Fayette (1757 – 1834) taucht dieser Gedanke auf.[64] Es sei dahingestellt, inwieweit diese Vorstellung propagandistischer Maßnahmen gegen den späteren Oberbefehlshaber des Koalitionsheeres entsprungen war oder nicht. Fest steht jedenfalls, daß weder diese Idee noch die intensiven Darstellungen und Aufforderungen Custines den Herzog Carl Wilhelm Ferdinand für die Zwecke des Revolutionsheeres gewinnen konnten. Der Herzog zeigte sich bei den Verhandlungen mit Custine – nach dessen Meinung – zögerlich und unentschlossen, obwohl die Darlegungen

Carl Wilhelm Ferdinand ungeheuer beeindruckt hätten: »Alle Träume von großen Taten, die er [Carl Wilhelm Ferdinand, G.B.] in seiner Jugend geträumt hatte, mochten aufwachen in ihm, da er vor dem jungen Vermittler der Wünsche Frankreichs stand. Heiße Bilder voll sprühender Farben bedrängten wohl in diesem Augenblicke seine Seele, gemischt mit frohem Stolz und tiefer Genugtuung. Ihn, den Fürsten des unbedeutenden Landes, rief die Nation Ludwigs XIV. Von ihm, dem Herrscher über einige Tausend Untertanen, erwarteten viele Millionen neuen Ruhm und neue Größe. Er sollte der Befehlshaber einer Armee werden, die einst einem Condé, einem Turenne gehorcht, mit der der Sonnenkönig der Welt die Gesetze diktiert hatte. Auf ihn würde jetzt ganz Europa schauen, in seiner Hand vielleicht lag die Entscheidung über Krieg und Frieden, über Völker- und Fürstenlos auf viele Jahre. Custine sah in des Herzogs Mienenspiele, wie heftig erregt er war. Dennoch klangen seine Worte seltsam beherrscht. Er dankte für die schmeichelhafte Gesinnung, die man von ihm hege. Er erkenne die Größe der edlen Aufgabe vollauf an, doch traue er sich nicht die notwendigen Kräfte und Fähigkeiten für sie zu. Custine aber drängte weiter. Er erinnerte an die Begeisterungsfähigkeit der französischen Nation, an die Vorteile, die ihm seine Eigenschaften als Ausländer gewährten, an den außerordentlichen Impuls, den er dem französischen Heldenmute geben würde, wenn er, ein Fürst, der größte Feldherr Europas, seine Staaten verlasse und Frankreich in der verzweifelten Krise jetzt verteidige. Er überreichte darauf dem Herzoge einen Brief Narbonnes, der ihn sichtlich tief erschütterte. Doch gab er seine eigene Meinung noch nicht kund. Er stellte nur einige Fragen über den Zustand des französischen Heeres und erbat sich dann von Custine eine kurze Bedenkzeit. Als ihn der junge Marquis am nächsten Tage sprach, war er wieder ru-

»The High German Quack«. Karikatur auf die Campagne in Frankreich und die Drohung, Paris anzuzünden, 1792.

hig und beherrscht. Jetzt hatten die Bedenken bei ihm die Oberhand.«[65] Noch während dieser Verhandlungen, am 13.2.1792, wurde Herzog Carl Wilhelm Ferdinand nach Potsdam berufen, um im Auftrag des Königs von Preußen den Oberbefehl über das Koalitionsheer gegen Frankreich zu übernehmen. Vom Verhandlungspartner der Revolution zum Führer gegen die Revolution, in dieser Wende mag eine persönliche Tragik von Carl Wilhelm Ferdinand als preußischem Generalfeldmarschall im Jahre 1792 gelegen haben. Von dem sogenannten »Manifest von Koblenz«, in dem man den entscheidenden Fehler in der Auseinandersetzung mit den Revolutionären in Paris sieht und über dessen verantwortliche Urheberschaft die Forschung nach wie vor differierende Meinungen vertritt[66], bis zur »Kanonade von Valmy«[67] mit anschließendem schmachvollem Rückzug aus Frankreich reichen die – hier nicht weiter auszuführenden – Ereignisse, die letzten Endes den braunschweigischen Herzog zu einer tragischen Figur europäischer Politik werden ließen. Die politische und militärische Koordination zwischen Preußen und Österreich fehlte weitgehend, Intrigen bestimmten das Umfeld der militärischen Führung, der preußische König Friedrich Wilhelm II. griff immer wieder planlos und hindernd in das Kommando des Herzogs von Braunschweig ein, und so wuchs dessen Unzufriedenheit ebenso wie die klare Erkenntnis, daß der Feldzug erfolglos bleiben müsse. Niemand hat diese mißlichen Verhältnisse besser und treffender in wenigen Worten beschrieben als Jules Michelet (1798 – 1874) in seiner grundlegenden Untersuchung der Französischen Revolution: »Es ist interessant, dieses Heer der Gegenrevolution zu sehen; übrigens ein schönes, wohl organisiertes, reiches Heer, überladen mit kostbaren Ausrüstungen und einem königlichen Gefolge. Der Braunschweiger, der kommandierende General, hatte gesagt: ›Es ist ein militärischer Spaziergang‹. Der König von Preußen hatte seine Mätressen verlassen, um an dem Spaziergang teilzunehmen. Seine Anwesenheit, die Sorge um sein kostbares Haupt, hätten den Braunschweiger vorsichtig gemacht, selbst wenn er es nicht ohnehin gewesen wäre. Das wesentliche war nicht, zu siegen; die Hauptsache war, den König von Preußen nicht zu sehr der Gefahr auszusetzen, ihn gesund und heil zurückzubringen. Das war der Gedanke, den der verständige Herzog von Braunschweig unausgesetzt berücksichtigen mußte, und darauf beschränkte sich der Erfolg des Unternehmens«.[68] So war die Situation, in der Carl Wilhelm Ferdinand letztmalig am 6.1.1794 um seine Entlassung aus den Diensten des preußischen Königs bat und am 6.2.1794 wieder in Braunschweig eintraf. Die Bevölkerung bereitete dem Herzog einen begeisterten Empfang. Es war auffällig, daß auch die führenden Mitglieder der »Aufklärungsgesellschaft« zu den Jubelnden zählten. Gerade die Vertreter des Collegium Carolinum hatten sich ursprünglich recht positiv zur Französischen Revolution geäußert[69], und es war Johann Arnold Ebert, der die Revolution als Werk der Vorsehung bezeichnet und eine glückliche Vollendung erhofft hatte. Unter dem Eindruck der Gewaltherrschaft der Jahre 1793/94, den Auswüchsen der Revolution, der Hinrichtung des französischen Königs und der Ereignisse des Feldzuges 1792/94 hatte sich die Einstellung der braunschweigischen Aufklärer jedoch grundlegend geändert. In den Werken der dichtenden Professoren und der Theologen in Braunschweig läßt sich dieser Stimmungsumschwung 1794 deutlich ablesen.

Und noch einmal spielte die enge Bindung an Preußen eine entscheidende – letzte – Rolle im Leben des Fürsten. Herzog Carl Wilhelm Ferdinand hatte sich – trotz seines hohen Alters – 1806 schließlich bereit erklärt, im französisch-preußischen Krieg den Oberbefehl über das preußische Heer zu übernehmen. Es war – wie 1792 – mehr Pflichtgefühl gegenüber dem preußischen König als eigene Überzeugung, die den nun 71jährigen Herzog erneut an die Spitze des preußischen Heeres führte. Zu Beginn der entscheidenden Schlacht gegen Napoleon wurde der Herzog bei Auerstedt am 14.10.1806 schwer verwundet und starb am 10. November im dänischen Ottensen, wohin er über Braunschweig geflohen war. Wieder war Preußen zum Schicksal braunschweigischer Geschichte geworden. Entgegen mancher Deutung der jüngeren Geschichtsforschung kann aber die Feststellung getroffen werden, daß nicht Preußen am Unvermögen des braunschweigischen Herzogs, sondern Carl Wilhelm Ferdinand eher an Preußen gescheitert ist.

Im Rahmen unserer Betrachtungen war es nur möglich, einige wesentliche Entwicklungen der Person und der Zeit von Carl Wilhelm Ferdinand zu skizzieren. Es mag dabei deutlich geworden sein, daß Carl Wilhelm Ferdinand ein Vertreter des aufgeklärten Absolutismus war, wie es kaum einen prägnanteren gab. Im Geist der Aufklärung von Abt Jerusalem erzogen, hatte Carl Wilhelm Ferdinand aber nicht nur Interesse an militärischen oder politischen Fragen seiner Zeit, sondern er nahm auch an geistigen und wissenschaftlichen Entwicklungen regen Anteil. Auf zahlreichen Reisen, die er sowohl privat als auch in diplomatischer Mission unternahm, lernte er England, Frankreich und Italien und deren Kultur kennen. In Frankreich nahm er (1766) an einer Sitzung der Akademie teil, lernte Jean Le Ronde d'Alembert (1717 – 1783) kennen und begegnete dem Philosophen Claude Adrien Helvétius (1715 – 1777), einem Vertreter der Enzyklopädisten. Zwei Monate hielt sich Carl Wilhelm Ferdinand in Paris auf und gewann ganz offensichtlich ein besonderes Verhältnis zu Frankreich, wobei er die entgegengebrachten Ehren wohl besonders zu schätzen wußte. Ein Brief d'Alemberts an Friedrich den Großen vom 26.5.1766 läßt einen kleinen Einblick in diesen Aufenthalt zu: »Der Erbprinz von Braunschweig ist eben hier, bewundert, geliebt und von aller Welt aufgesucht. Er besuchte die Akademien. Ich hatte die Ehre, in seiner Gegenwart in der Akademie der Wissenschaften ein Mémoire vorzulesen. Gestern war er in der Akademie française, und ich glaube, daß er nicht unzufrieden war über die Art, wie man ihn da empfing. Alle reißen sich darum, ihn bei sich zu haben, so daß ich nur wenige Augenblicke die Ehre hatte, mich mit ihm zu unterhalten und ihn meiner tiefsten Verehrung für sein erlauchtes Haus und für einen noch erlauchteren Oheim, den er die Ehre zu besitzen hat, auszusprechen.«[70] Auch spätere Verbindungen zu Benjamin Constant (1767 – 1830), Honoré Gabriel du Riqueti Graf von Mirabeau (1749 – 1791) und

Herzog Carl Wilhelm Ferdinand, Portrait von Pompeo Girolamo Batoni (1708 – 1787), 1767.

de Luc belegen diese besondere Bindung an Frankreich und zu führenden Vertretern der Aufklärung.

In Italien traf Carl Wilhelm Ferdinand mit Johann Joachim Winckelmann (1717 – 1768) zusammen, der »dem braunschweigischen Achilles«[71] die historische Vergangenheit Roms bei täglichen Spaziergängen erschloß. In einem Brief an den Sammler antiker Gemmen, Baron Philipp von Stosch (1691 – 1757), schrieb Winckelmann am 15.11.1766: »Ich glaube, daß er mich leiden könne, und ich bin in dessen Bekanntschaft so weit gekommen, als es dessen zurückhaltendes Wesen und dessen zurückhaltender Sinn erlauben... Wir haben Reisen zu Fuß von 7 bis 8 Stunden in einem Striche gemacht, wo notwendig muß geredet werden, und wo ich mich nicht enthalten können, diesem Herrn vielmals zu wiederholen, daß ich meinen Zustand mit dem seinigen nicht verwechseln wolle. Unterdessen sind wir und vier Personen von Tivoli, (wo er unter Führung Monsignor Carraras die Villa Hadrians 3 Stunden lang mit dem Plane in der Hand betrachtet hatte) zurückgefahren, ohne daß jemand nur eine Silbe gesprochen hätte, und auf dem Heimwege war alles Ja und Nein. In Lustbarkeiten, die ihm zu Ehren angestellt wurden, hat keine einzige einen guten Abend von ihm gehört. Das Herz ist gut, aber nicht empfindlich, und die Seele weiß nichts von Fröhlichkeit. Der Weg ihn aufzumuntern scheint der Widerspruch, welches mir beim Essen mehrmals gelungen ist, aber ich muß fürchten, mit meinem hitzigen Kopfe zu weit zu gehen«.[72]

Ein nüchternes Urteil des großen Gelehrten, dennoch hat die Welt des antiken Italien Carl Wilhelm Ferdinand fasziniert, wozu schließlich die Begegnung mit dem englischen Gesandten in Neapel, Sir William Hamilton (1730 – 1803),[73] erheblich beigetragen hat, mit dem er auch in späteren Jahren freundschaftlich verkehrte.

Darüber hinaus hatte Carl Wilhelm Ferdinand selbstverständlich engen Kontakt zur Literatur seiner Epoche, insbesondere mit dem in Braunschweig lebenden Dichterkreis[74], vor allem mit Johann Joachim Eschenburg und Johann Arnold Ebert. Schließlich sollen noch Carl Wilhelm Ferdinands Kontakte zu Friedrich Gottlieb Klopstock (1724 – 1803), Moses Mendelssohn (1729 – 1786), Johann Wilhelm Ludwig Gleim und Johann Georg Jacobi (1740 – 1814) erwähnt werden.

Hochbegabt, gebildet und Neuerungen aufgeschlossen, war Carl Wilhelm Ferdinand ein der Aufklärung nahestehender Monarch, dessen herausragender Persönlichkeit als Mensch und Landesherr Einschränkungen als Staatsmann und Feldherr auf internationaler Bühne seit 1792 aufgezwungen wurden.

»Anders als die meisten Fürsten seiner Zeit hat er sich frei gemacht von dem engen, partikularistischen Standpunkte des Kleinstaatherrschers, der trotzig nur die eigene Selbstherrlichkeit zu hüten suchte«,[75] urteilt Selma Stern in ihrer grundlegenden Untersuchung zu Carl Wilhelm Ferdinand. Kritischer dagegen Venturini: »Er wollte gern größer erscheinen, als sein Zeitalter; aber in der That trug er ganz den Stempel seines Zeitalters«.[76] Ein endgültiges Urteil wird stets von der Epoche des Betrachters abhängig bleiben, dennoch: Carl Wilhelm Ferdinand war derjenige, der das Fürstentum Braunschweig-Wolfenbüttel dem Neuen seines Zeitalters erschlossen hat. Dieses Neue hing eng mit den Ideen der Aufklärung zusammen, und diesen Ideen stand Herzog Carl Wilhelm Ferdinand persönlich sehr nahe, ja er war von ihnen entscheidend geprägt. So war es letztlich sein Verdienst, daß Braunschweig zu einem führenden Zentrum der Aufklärung in Norddeutschland werden konnte.

Das Interesse des Herzogs für kulturelle Belange war zwar grundsätzlich vorhanden, jedoch im Vordergrund standen die Naturwissenschaften und technisch-wissenschaftliche Fragestellungen und Ent-

Louis Spohr (1784 – 1859) zählte wie Carl Friedrich Gauß zu denjenigen begabten Jugendlichen, die Carl Wilhelm Ferdinand bei ihrer Berufsausbildung besonders förderte. Spohr erhielt als 15-jähriger von Carl Wilhelm Ferdinand eine Anstellung als Kammermusikus.

deckungen. So hatte er von Anfang an die aerostatischen Experimente in Europa sehr sorgfältig verfolgt und auch den ersten »Profi« unter den Ballonfahrern, Pierre Jean Blanchard (1750 – 1809), 1785 in London besucht, um dessen Experimente kennenzulernen. Nach seiner Rückkehr beauftragte er den Professor am Collegium Carolinum, Eberhard August Wilhelm von Zimmermann (1743 – 1815), einen Gasballon zu konstruieren. Nach dem Beispiel der Brüder Montgolfier sollte dieser zunächst unbemannt fliegen. Dies gelang am 28.1.1784, ein Gemeinschaftswerk des Professors mit dem Apotheker Justus Christian Heinrich Heyer (1746 – 1821), gefördert von Herzog Carl Wilhelm Ferdinand. Mehrfach sind auch effiziente Talentförderungen durch den Herzog überliefert nach dem Grundsatz, daß die Förderung von Eliten letztlich dem eigenen Staat und dem Wohl der Allgemeinheit Braunschweigs dienten und dienen sollen. Die prägnantesten Beispiele waren dabei Louis Spohr (1784 – 1859) als Musiker und schließlich Carl Friedrich Gauß, der bereits als Schüler des Collegium Carolinum durch den Herzog gefördert wurde.

So konnte der berühmteste Sohn der Stadt Braunschweig von dem Willen zur Bildungsreform und der notwendigen Erkenntnis, wie wichtig Eliteförderung für die Zukunft eines Staates ist, außerordentlich profitieren. In seine Braunschweiger Jahre fallen der Tod Lessings, die Französische Revolution, das Scheitern der Schulreform und der erfolgreiche Beginn der napoleonischen Hegemonialpolitik in Europa, deren militärischer Erfolg bei Jena und Auerstedt 1806 zugleich das Ende der Braunschweiger Jahre für Carl Friedrich Gauß markiert. Zu diesem Zeitpunkt hatte er sich jedoch bereits seinen außergewöhnlichen Ruf als Wissenschaftler geschaffen.

Carl Friedrich Gauß – Elternhaus und Schuljahre

Der Name Gauß (oder Goss, Goess, Goos, Gooss usw.) kommt besonders häufig in der Braunschweiger Gegend vor, und von dorther stammen auch die Eltern von Carl Friedrich Gauß. Sein Vater, Gebhard Dietrich Gauß, am 13.2.1744 in Braunschweig geboren, kaufte dort ein kleines Haus am Wendengraben. Er arbeitete als Gärtner, als Fleischhacker (Gassenschlächter)[77] und im Sommer als Maurer; in späteren Jahren führte er die Totenkasse eines Beerdigungsvereins. Auch trug er den Titel eines Wasserkunstmeisters. Nachdem seine erste Frau 1775 gestorben war, heiratete er ein Jahr später Dorothea Benze. Diese, am 16.6.1743 als Tochter eines Steinhauers in dem braunschweigischen Dorf Velpke geboren, war 1769 nach Braunschweig gekommen und hatte dort bis zu ihrer Verheiratung 1776 als Magd gearbeitet.

Geburtshaus von Carl Friedrich Gauß Am Wendengraben, Haus No. 1550.

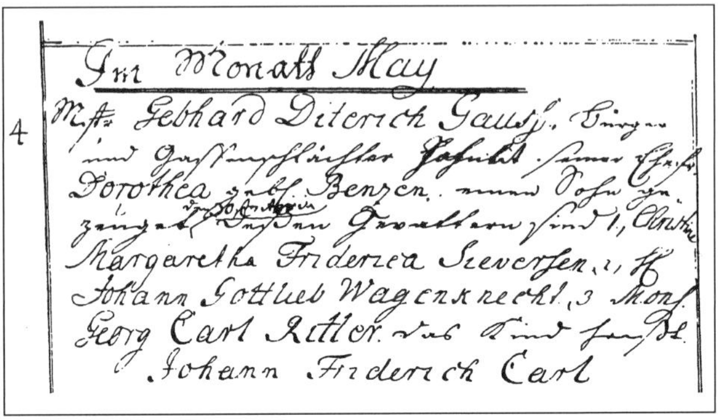
4 Im Monath May
Mstr. Gebhard Diterich Gauß [illegible]
[illegible]
Dorothea geb. Benzen [illegible]
[illegible]
Margaretha Friderica Seeversen [illegible]
Johann Gottlieb Wagenknecht [illegible]
Georg Carl Ritter. das Kind heißt
Johann Friderich Carl

Taufeintrag im Kirchenregister St. Katharinen vom 4. Mai 1777 über die Geburt von Carl Friedrich Gauß am 30. April 1777.

Carl Friedrich, das einzige Kind aus dieser Ehe, wurde am 30.4.1777 Am Wendengraben (Haus 1550) in Braunschweig geboren. Im Kirchenbuch steht »Das Kind heißt Johann Friderich Carl«; den Vornamen Johann führte Gauß nach 1792 nicht mehr. Das Geburtshaus, das später in ein Museum verwandelt wurde, ist leider im Zweiten Weltkrieg ein Opfer der Bombenangriffe geworden.

Dorothea Gauß erinnerte sich später nicht mehr genau an das Geburtsdatum ihres Sohnes. Sie wußte lediglich, daß es ein Mittwoch acht Tage vor Himmelfahrt war. Den damaligen Verhältnissen gemäß hatte sie keine Schule besucht; sie konnte nicht schreiben und nur etwas lesen. So sind die Lebensumstände, unter denen Gauß heranwuchs, recht bescheiden. Der Vater wird als rechtschaffener, fleißiger, geachteter Mann geschildert; sein Sohn empfand ihn jedoch auch als »herrisch, rauh und unfein«. Zu seiner Mutter hatte Gauß zeitlebens eine sehr innige Beziehung; sie scheint eine heitere und ausgeglichene Frau gewesen zu sein, die viel Verständnis aufbrachte und der auch der Sinn für Humor nicht fehlte.

Gauß galt von frühester Jugend an als ein Wunderkind. In fortgeschrittenem Alter pflegte er von sich selbst oft scherzhaft zu behaupten, er habe früher rechnen als sprechen können. Auch folgende Geschichte geht auf seine eigenen Erzählungen zurück: Der Vater arbeitete im Sommer als Maurer; am Samstag waren jeweils die Lohnabrechnungen für die Gesellen fällig. Eines Tages, ohne daß es der Vater bemerkte, hörte ihm der erst dreijährige Carl Friedrich beim Rechnen zu. Plötzlich rief der Dreikäsehoch: »Vater, die Rechnung ist falsch, es macht soviel«, und er nannte eine andere Zahl. Die Überprüfung ergab, daß der Sohn recht hatte. Dies zeigt, daß Gauß' Begabung für alles, was mit Zahlen zusammenhängt, bereits in sehr jungen Jahren hervortrat. Etwas später brachte sich Gauß selbst das Lesen bei, indem er Bekannte nach der Aussprache der einzelnen Buchstaben fragte. Eine weitere Anekdote aus seiner Kindheit soll Gauß ebenfalls in Erinnerung geblieben sein, daß er nämlich als Dreijähriger fast im Wendengraben, einem offenen Kanal vor dem Elternhaus, ertrunken wäre. Als er unbeaufsichtigt am Wendengraben spielte, fiel er hinein und wurde vom Nachbarn, Schuhmacher Buchholz, gerettet und im nahegelegenen Armenkrankenhaus wiederbelebt.

1784 kam Gauß, sieben Jahre alt, in die Volksschule, die Katharinenschule in Braunschweig. Sie wurde von dem Lehrer J. G. Büttner geleitet. Entsprechend den damaligen Verhältnissen unterrichtete Büttner etwa 100 Schüler in einer Klasse, und so waren auch Züchtigungen, die mit der sogenannten Karwatsche (Peitsche) ausgeführt wurden, an der Tagesordnung. Zwei Jahre lang fiel der Schüler Gauß durch nichts Ungewöhnliches auf. Das änderte sich, als er im dritten Schuljahr in die Rechenklasse ein-

Ansicht vom Hagenmarkt in Braunschweig, um 1850.

trat. Dort war es üblich, daß bei den in der Schulstunde zu lösenden Rechenaufgaben derjenige Schüler, der die Aufgabe als erster gelöst hatte, seine Tafel auf den Tisch des Lehrers legte, der zweitschnellste legte seine Tafel auf die erste Tafel, usw. Gleich am Anfang des Schuljahres stellte Büttner, um seine Schüler für einige Zeit zu beschäftigen, die Aufgabe, die Zahlen von 1 bis 100 zu addieren, also 1 + 2 + 3 + ... + 98 + 100.

Kaum hatte der Lehrer die Aufgabe erklärt, als Gauß seine Tafel auf das Pult legte und im Braunschweiger Dialekt sagte: »Ligget se!« (Da liegt sie!). Auf der Tafel stand nur eine einzige Zahl, nämlich 5050. Während die übrigen Schüler – wie auch die heutigen Schüler dieser Altersstufe die Aufgabe angehen würden – 1 + 2 = 3, 3 + 3 = 6, 6 + 4 = 10, ... zu rechnen begannen, fiel es Gauß auf, daß die erste und die letzte Zahl zusammen dasselbe Ergebnis lieferten wie die zweite und die vorletzte Zahl, usw., also 1 + 100 = 101, 2 + 99 = 101, 3 + 98 = 101, ... Mit dieser

Überlegung reduziert sich die ganze Aufgabe auf die Multiplikation von 101 × 50, die man leicht im Kopf ausführen kann. Der Lehrer Büttner erkannte bald das außerordentliche mathematische Talent seines Schülers und gestand sich ein, daß Gauß in seiner Schule nichts mehr lernen könne.

Ein glücklicher Zufall fügte es, daß in der Zeit, in der Gauß die Katharinenschule besuchte, Johann Martin Christian Bartels (1769 – 1836) dort als Hilfslehrer tätig war. Er schnitt den Kindern die Federn zu und führte Schreibübungen durch. Bartels, 1769 in Braunschweig geboren, also acht Jahre älter als Gauß, fühlte sich selbst zur Mathematik sehr hingezogen. So verwundert es nicht, daß sich bald zwischen ihm und Gauß ein freundschaftliches Verhältnis entwickelte. Bartels besorgte mathematische Fachbücher, die er zusammen mit seinem jüngeren Freund durcharbeitete. Ein besonderes Interesse galt damals dem binomischen Lehrsatz sowie der Lehre von den unendlichen Reihen, die einen Weg in die höhere Analysis eröffnen. Auch nachdem Gauß 1788 die Volksschule beendet hatte, blieb das herzliche Verhältnis zu Bartels bestehen, wie zum Beispiel der Briefwechsel, der sich, soweit bekannt, von 1799 bis 1823 erstreckt, bezeugt. Gauß bezeichnete später Bartels als seinen »ersten Lehrer in der Mathematik«, sei-

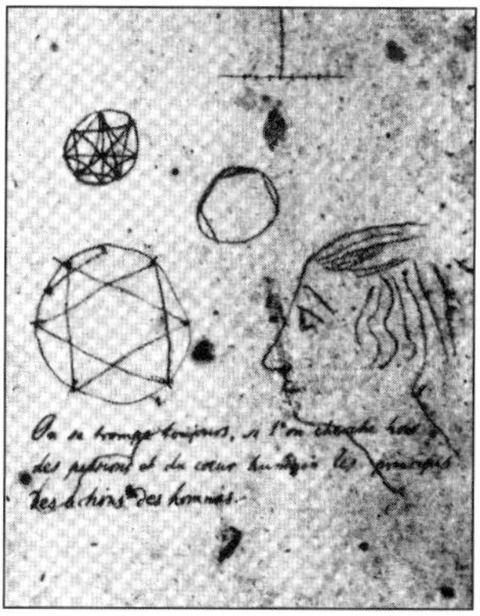

Sentenzen in französischer Sprache aus einer Schulbuchseite des 14-jährigen Gauß.

Catharineum am Hagenmarkt, um 1850.

nen »vieljährigen« und »unvergeßlichen Freund«, den er »dankbar verehrt« und »als Mathematiker achtet«.[78] Bartels war von 1808 bis 1820 ordentlicher Professor der Mathematik an der neu gegründeten Universität in Kasan, wo Nikolaj Ivanovič Lobačevskij (1792 – 1856) sein später prominent gewordener Schüler war; von 1821 bis zu seinem Tode 1826 hatte er eine Professur für Mathematik in Dorpat (heute Tartu) inne.

1788 kam Gauß »fast gegen den Willen des Vaters«[79] auf das Gymnasium Catharineum, wegen seiner glänzenden schulischen Leistungen gleich in die zweite Klasse. Unglaublich schnell lernte er die alten Sprachen, Latein und Griechisch, und erzielte auch in diesen Fächern derartig gute Ergebnisse, daß er nach nur zwei Jahren 1790 bereits die Oberstufe (Prima) des Gymnasiums besuchte. Nun wurde der Braunschweigische Herzog Carl Wilhelm Ferdinand auf den genialen Schüler aufmerksam gemacht, und so kam es, daß Gauß 1791 dem Herzog bei Hofe vorgestellt wurde. Dieser, ein feinfühliger Mann von gut fünfzig Jahren, verstand, durch die Rechenkünste des damals Vierzehnjährigen bestätigt, welch hervorragende geistige Fähigkeiten es hier zu fördern hieß. Er stellte daher die finanziellen Mittel bereit, um Gauß den Besuch des Collegium Carolinum und ein Universitätsstudium zu ermöglichen. Bei dieser Begeg-

Carl Friedrich Gauß als Kind im Alter von acht Jahren. Auf dem Tisch liegen Tafeln mit mathematischen Formeln und Rechnungen.

nung mit dem Herzog erhielt Gauß seine erste Logarithmentafel zum Geschenk, die heute noch in der Gaußbibliothek (in der Universitätsbibliothek Göttingen) mit der Nr. 31 als eine besondere Kostbarkeit aufbewahrt wird.

Student in Braunschweig und Göttingen

Vom Herzog unterstützt, konnte sich Gauß in Braunschweig am 18.2.1792 unter der Nr. 462 in die Matrikel des Collegium Carolinum einschreiben. In dieser Anstalt beschäftigte er sich mit Philologie, Philosophie, Literatur und mit tiefgehenden mathematischen Untersuchungen, zum Beispiel mit der Frequenz der Primzahlen, den Grundlagen der Geo-

Collegium Carolinum in Braunschweig, 1746.

Ansicht auf Göttingen vom Hainberg, um 1850.

metrie und der Methode der kleinsten Quadrate. Bis 1795 besuchte Gauß das Collegium Carolinum, aus dem die heutige Technische Universität Carolo Wilhelmina in Braunschweig hervorging.[80] Einer seiner Lehrer, Eberhard August Wilhelm von Zimmermann, Professor der Mathematik und Naturlehre, bemerkte 1796: »Es verdient angemerkt zu werden, daß Herr Gauß ... sich hier in Braunschweig mit eben so glücklichem Erfolge der Philosophie und der classischen Litteratur als der höheren Mathematik gewidmet hat.«[81]

So ist es nicht weiter erstaunlich, daß sich Gauß zunächst nicht darüber im klaren war, ob er sich dem Studium der alten Sprachen oder der Mathematik zuwenden sollte. Am 11.10.1795 reiste er von Braunschweig nach Göttingen, um an der dortigen Universität, der Georgia Augusta, zu studieren. Entgegen der Anordnung, daß die braunschweigischen Landeskinder an der Landesuniversität studieren mußten, genehmigte Herzog Carl Wilhelm Ferdinand das Studium in Göttingen. Anlaß für Gauß, der sich der Förderung durch den Herzog stets bewußt war, scheint die bessere Ausstattung der Bibliothek in Göttingen gewesen zu sein, wie er in seinem Gesuch um Zulassung zur Doktorpromotion in Helmstedt schrieb: »Obwohl ich schon von frühester Kindheit an von leidenschaftlicher Liebe zu den Wissenschaften, insbesondere zu den mathematischen, beseelt war und keine Gelegenheit vorübergehen ließ, wo ich mein heißes Bestreben befriedigen konnte – so weit wenigstens wie ich, von fast allen Hülfsmitteln entblößt, dies zu thun vermochte: – so wäre dennoch wegen meiner Familienverhältnisse nur geringe Hoffnung gewesen, das Ziel meiner Sehnsucht so, wie ich wünschte, erreichen und mich ganz den Wissenschaften hingeben zu können, wenn ich nicht durch ein glückliches Geschick unserm Gnädigsten Herzoge bekannt geworden wäre. Nicht nur ermuntert durch seine Huld und seinen Zuspruch, den Versuch zu machen, mich den Wissenschaften zu widmen, sondern auch durch seine Freigebigkeit auf das Gnädigste unterstützt, habe ich zunächst auf den trefflichen Anstalten unserer Stadt meine allgemeine Bildung gewonnen; dann aber habe ich, nachdem ich jene Schulen durchlaufen, die Hochschule zu Göttingen aufgesucht. Daß ich diese der des Vaterlandes vorzog, hatte hauptsächlich seinen Grund in dem Rufe der öffentlichen Bibliothek und der Fülle der litterarischen Hülfsmittel, ohne die, wie sattsam bekannt ist, Niemand auch nur Mäßiges in den mathematischen Fächern zu leisten im Stande ist. Dort brachte ich meine drei Jahre zu, meine ganze Zeit der Mathematik widmend, und hernach, in dem nun abgelaufenen Jahre, kehrte ich hierher nach Haus zurück.«[82] Der Herzog gewährte dazu jährlich 158 Taler und einen Freitisch. Die Kosten betrugen 48

Christian Gottlob Heyne (1729–1812).

Georg Christoph Lichtenberg (1742–1799).

Abraham Gotthelf Kästner (1719–1800).

Arnold Herman Ludwig Heeren (1760–1842).

Taler jährlich, wofür der Student täglich, auch am Sonntag und in den Semesterferien, ein Mittagessen von einem Speisewirt seiner Wahl in die Wohnung geschickt bekam. Gleich nach seiner Ankunft in Göttingen berichtete Gauß an Prof. Zimmermann in

Braunschweig, daß er »bei einer strengen Ökonomie« mit seinem Geld auszukommen hoffe, da die Teuerung nicht so groß sei, und meinte auch: »Den Freitisch habe ich seit einigen Tagen gehabt; das Essen ist leidlich«.[83] Gauß hörte Vorlesungen in klassischer Philologie bei Christian Gottlob Heyne (1729 – 1812), in Geschichte bei Arnold Herman Ludwig Heeren (1760 – 1842), in Astronomie bei Carl Felix Seyffer (1762 – 1822), der seit 1789 außerordentlicher Professor in Göttingen war. Zu ihm hatte Gauß freundschaftliche Beziehungen, die, als Seyffer 1804 nach München ging, im Briefwechsel fortgeführt wurden. Physik lehrte der geistreiche Georg Christoph Lichtenberg (1742 – 1799), dessen Experimentalphysikvorlesungen als besondere Attraktion gal-

Gauß zeichnete diese Karikatur seines Lehrers Kästner. Die ungarische Erläuterung von Bolyai lautet: »Diese Zeichnung hat Gauß in einem Sitz gemacht, die Addition ist mit Absicht falsch, um Kästner auch damit zu charakterisieren.«, 1795.

ten. Bei seinem Tode 1799 meinte Gauß: »In Lichtenberg hat Göttingen seine Erste Zierde verloren.«[84] Professor der Mathematik schließlich war der zu dieser Zeit bereits hochbetagte Abraham Gotthelf Kästner (1719 – 1800), der als Autor mehrerer weit verbreiteter mathematischer Lehrbücher sehr bekannt war. Kästners Vorlesungen jedoch waren, dem damaligen Niveau der Mathematik an den deutschen Universitäten gemäß, von relativ elementarem Charakter und übten auf Gauß keinerlei Anziehungskraft aus.

Am 29.3.1796 fand Gauß, 18 Jahre alt, aufgrund seiner zahlentheoretischen Untersuchungen heraus, daß das regelmäßige 17-Eck mit Zirkel und Lineal konstruierbar ist – eine Entdeckung, durch die er auch endgültige Klarheit über seinen weiteren Studiengang gewann. Schon in der Antike hatten sich die Griechen mit der Konstruierbarkeit der regelmäßigen *n*-Ecke befaßt und gefunden, daß sich alle *n*-Ecke konstruieren lassen, bei denen sich die Anzahl der Ecken *n* auf Vielfache von 3-Ecken, 4-Ecken und 5-Ecken zurückführen läßt. Regelmäßige 3-, 4- und 5-Ecke waren konstruierbar und damit auch 12-Ecke, 15-Ecke usw. Ob darüber hinaus noch weitere *n*-Ecke mit Zirkel und Lineal konstruierbar seien, dieses Problem blieb für die nächsten 2000 Jahre ungelöst – bis zu Gauß. Für Gauß selbst kam die Lösung anscheinend relativ überraschend. Viele Jahre später, in einem Brief vom 6.1.1819 an Christian Ludwig Gerling (1788 – 1864), beschrieb er seine Entdeckung: »Der Tag war der 29. März 1796, und der Zufall hatte gar keinen Anteil daran ... Durch angestrengtes Nachdenken ... glückte es mir, bei einem Ferienaufenthalt in Braunschweig am Morgen des gedachten Tages (ehe ich aus dem Bette aufgestanden war) diesen Zusammenhang auf das klarste anzuschauen, so daß ich die spezielle Anwendung auf das 17-Eck und die numerische Bestätigung auf der Stel-

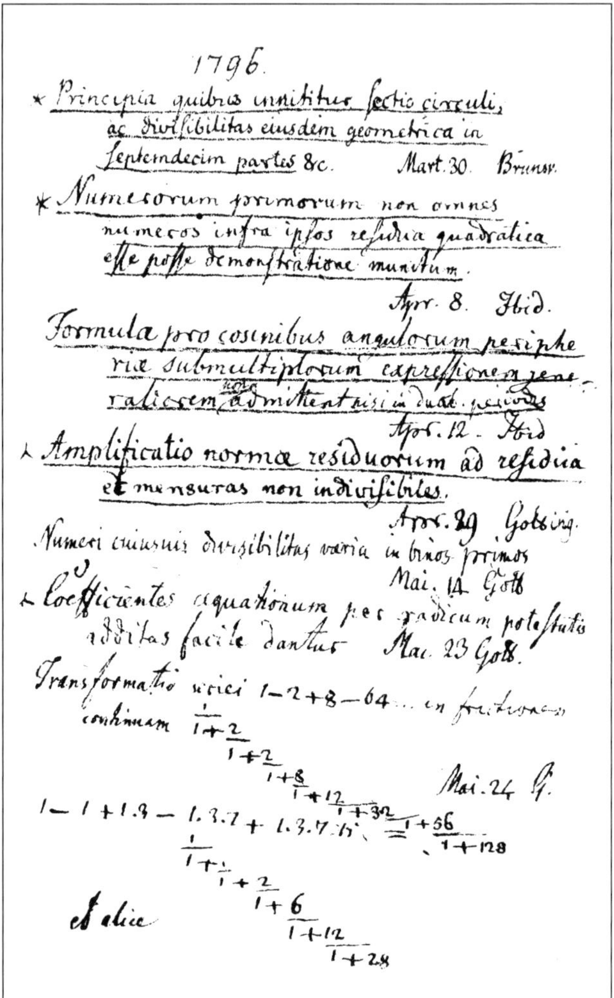

1796.

* Principia quibus innititur sectio circuli, ac divisibilitas eiusdem geometrica in septemdecim partes &c. Mart. 30. Brunsv.

* Numerorum primorum non omnes numeros infra ipsos residua quadratica esse posse demonstratione munitum. Apr. 8. Ibid.

Formula pro cosinibus angulorum peripheriae submultiplorum expressionem generaliorem non admittent nisi in duas periodos. Apr. 12. Ibid

Amplificatio normae residuorum ad residua et mensuras non indivisibiles. Apr. 29 Gotting.

Numeri cuiusuis divisibilitas varia in binos primos Mai. 14 Gott.

Coefficientes aequationum per radicum potestatum additas facile dantur Mai. 23 Gott.

Transformatio seriei 1−2+8−64 ... in fractionem continuam

$$\cfrac{1}{1+\cfrac{2}{1+\cfrac{2}{1+\cfrac{8}{1+\cfrac{12}{1+\cfrac{32}{1+\cfrac{56}{1+128}}}}}}}$$

Mai. 24 G.

$$1 - 1 + 1.3 - 1.3.7 + 1.3.7.15 \ldots = \cfrac{1}{1+\cfrac{1}{1+\cfrac{2}{1+\cfrac{6}{1+\cfrac{12}{1+28}}}}}$$

et alia

Erste Seite des »Notizenjournals« (wissenschaftliches Tagebuch) von Carl Friedrich Gauß, das er vom 30. März 1796 bis zum 9. Juli 1814 geführt hat.

le machen konnte.«[85] Am Tage darauf, am 30.3.1796, begann Gauß sein wissenschaftliches Tagebuch (»Notizenjournal«) zu führen, das heute noch existiert. Auf der ersten Seite steht:

»Principia quibus innititur sectio circuli, ac
divisibilitas eiusdem geometrica in septemdecim partes etc.
Mart. 30. Brunsv.«
(Die Prinzipien, auf die sich die Teilung des Kreises stützt und seine geometrische Zerlegung in 17 Teile usw.
Braunschweig 30. März)

Kurz darauf, am 1.6.1796, erschien im *Intelligenzblatt der allgemeinen Litteraturzeitung* unter der Rubrik »Neue Entdeckungen« folgende Notiz: »... daß außer jenen ordentlichen Vielecken noch eine Menge anderer, z.B. das Siebzehneck, einer geometrischen Construction fähig ist. Diese Entdeckung ist eigentlich nur ein Corollarium einer noch nicht ganz vollendeten Theorie von grösserm Umfange, und sie soll, sobald diese ihre Vollendung erhalten hat, dem Publicum vorgelegt werden.« Diese Anzeige gilt als Gauß' erste Veröffentlichung. Die hier noch als nicht vollendet bezeichnete Theorie arbeitete er in den folgenden Jahren aus und publizierte sie in seinen *Disquisitiones arithmeticae* im Jahre 1801.

Gauß hatte zeit seines Lebens nur wenige Freunde; dafür waren seine Freundschaften aber um so enger, um so tiefer. Dies gilt auch für seine Studienzeit.

Einer dieser wenigen war Johann Anton Josef Ide (1775 – 1806), der, 1775 in Braunschweig geboren, Gauß schon auf dem Collegium Carolinum kennengelernt hatte und der seit Ostern 1796 in Göttingen Mathematik studierte. Ides mathematische Schriften zeichnen sich durch Scharfsinn und Originalität aus. Er wurde 1803 Professor der Mathematik in Moskau, wo er allerdings schon drei Jahre später starb. Ein weiterer Studienfreund war der Ungar Wolfgang (Farkas) Bolyai (1775 – 1856), der, aus adliger Familie stammend, 1775 auf dem Gute Bolya nördlich von Hermannstadt in Siebenbürgen geboren war. Am 11.10.1796 wurde er in Göttingen immatrikuliert. Über diese Freundschaft berichtet Bolyai später: »Uns verband die (sich äußerlich nicht zeigende) Leidenschaft für die Mathematik und unsere sittliche Übereinstimmung, so dass wir oft mit einander wandernd, jeder mit den eigenen Gedanken beschäftigt, stundenlang wortlos waren.« Und Gauß wiederum meinte, »Bolyai sei der einzige gewesen, der in seine metaphysischen Ansichten über Mathematik einzugehen verstanden habe«.[86] Gauß und Bolyai wanderten zusammen, rauchten gemeinsam Pfeife, liehen sich gegenseitig, wenn nötig, Geld aus und hörten gemeinsam Vorlesungen. Dabei zeichnete Gauß eines Tages ein Bild von Kästner, wie er sich gerade an der Tafel bei einer Addition verrechnet. Bolyai schrieb auf diese Zeichnung auf ungarisch eine Bemerkung, die übersetzt lautet: »Diese Zeichnung hat Gauß in einem Sitz gemacht, die Addition ist mit Absicht falsch, um Kästner auch damit zu charakterisieren«. Die Zeichnung blieb im Besitze Bolyais, der sie erst 1856, nach Gauß' Tod, nach Göttingen schickte.[87] Bei einem Besuch der Freunde in Braunschweig fragte Gauß' Mutter, »ob aus ihrem Sohn etwas werde?« Auf Bolyais Antwort: »Der erste Mathematiker in Europa« zerfloß sie in Tränen.[88]

Leider war die Zeit, die Bolyai und Gauß gemeinsam in Göttingen verbrachten, nur kurz. Nach Beendigung seiner Studien kehrte Gauß am 28.9.1798 nach Braunschweig zurück. Noch einmal trafen sich die beiden Freunde am 25.5.1799 in Clausthal, einem Ort zwischen Braunschweig und Göttingen; jeder war zu Fuß dorthin marschiert. »Da schieden wir mit einem sterbenden Abschieds-Händedruck, beinahe wortlos ...«, schrieb Bolyai.[89] Am 5.6.1799 trat er die Heimreise nach Siebenbürgen an. Die beiden Freunde haben sich tatsächlich nie wieder gesehen, doch blieben sie zeitlebens in einem sehr herzlichen Briefwechsel miteinander verbunden. Wolfgang Bolyai war der einzige Freund, dem Gauß im vertraulichen Du schrieb. 1804 wurde Bolyai am evangelisch-reformierten Collegium in Maros-Vásárhely in Siebenbürgen Professor für Mathematik, Physik und Chemie. Er dichtete mehrere Tragödien und schrieb mathematische Lehrbücher; später entwickelte er einen besonders sparsam arbeitenden Ofen, der als Bolyai-Ofen in Siebenbürgen vielfach in Gebrauch kam. 1856 starb er in Maros-Vásárhely nach den Wirren einer vernichtenden Revolution und eines grauenhaften Bürgerkrieges, in denen er Hab und Gut verloren hatte.

Privatgelehrter in Braunschweig

Nach Beendigung seines Studiums in Göttingen lebte Gauß in Braunschweig für kürzere Zeit ohne finanzielle Zuwendungen – »grossen Theils auf Credit« – wie er Bolyai schrieb. Seit Anfang des Jahres 1799 gewährte ihm jedoch Herzog Carl Wilhelm Ferdinand abermals finanzielle Unterstützung, und zwar in derselben Höhe wie in Göttingen, nämlich 158 Taler jährlich.[90] Dies kann dem Herzog nicht hoch genug angerechnet werden, gab es doch zu dieser Zeit, wie sich Gauß selbst äußert, »in ganz Europa vielleicht kaum ein halb Dutzend besoldete *reine* Mathematiker«.[91] Carl Wilhelm Ferdinand setzte damit konsequent seine Art der persönlichen »Eliteförderung« fort, wohl wissend, wie wichtig diese Wissenschaftsförderung letztlich auch für die Entwicklung und den internationalen Ruf des Landes war. Gauß konnte nun ungehindert seine Studien weiter fortset-

QVOD FELIX FAVSTVMQVE
ET REI PVBLICAE LITERARIAE ALMAE IN PRIMIS IVLIAE CAROLINAE
SALVTARE ESSE IVBEAT
DEVS TER OPTIMVS MAXIMVS
AVCTORITATE CAESAREA
AVSPICIIS
SERENISSIMI ATQVE CELSISSIMI PRINCIPIS AC DOMINI
DOMINI
CAROLI GVILIELMI
FERDINANDI
BRVNOVICENSIVM AC LVNEBVRGENSIVM DVCIS
ACADEMIAE SVAE RECTORIS ET CANCELLARII MAGNIFICENTISSIMI
DOMINI NOSTRI INDVLGENTISSIMI
PRORECTORE MAGNIFICO
FRIDERICO AVGVSTO WIDEBVRG
PHILOSOPHIAE DOCTORE ET ARTIVM LIBERALIVM MAGISTRO
ELOQVENTIAE AC POESEOS PROFESSORE PVBLICO ORDINARIO
SEMINARII PHILOLOGICO - PAEDAGOGICI ITEMQVE PAEDAGOGII DIRECTORE
SOCIETATIS DVCALIS TEVTONICAE PRAESIDE
EGO
GOTTLOB ERNESTVS SCHVLZE
PHILOSOPHIAE DOCTOR ET LIBERALIVM ARTIVM MAGISTER
SERENISSIMO BRVNOVICENSIVM AC LVNEBVRGENSIVM DVCI A CONSILIIS AVLICIS
LOGICES METAPHYSICORVM ET PHILOSOPHIAE MORALIS PROFESSOR PVBLICVS ORDINARIVS
ORDINIS PHILOSOPHORVM H. A. DECANVS ET BRABEVTA
VIRVM NOBILISSIMVM ET DOCTISSIMVM
CAROLVM FRIDERICVM GAVSS
BRVNOVICENSEM
OB PROBATAM ORDINI PHILOSOPHORVM IN PHILOSOPHIA ET ARTIBVS LIBERALIBVS PERITIAM
ET POST EXHIBITAM DISSERTATIONEM,
DEMONSTRATIONEM NOVAM THEOREMATIS, OMNEM FVNCTIONEM ALGEBRAICAM RATIONALEM INTEGRAM VNIVS
VARIABILIS IN FACTORES REALES PRIMI VEL SECVNDI GRADVS RESOLVI POSSE,
CONTINENTEM
PHILOSOPHIAE DOCTOREM ET LIBERALIVM ARTIVM MAGISTRVM
RITE CREAVI ET RENVNCIAVI
EIQVE OMNIA IVRA HONORES PRIVILEGIA ET PRAEROGATIVAS
QVAE CVM HAC DIGNITATE CONIVNGVNTVR
CONTVLI
ID QVOD PVBLICO HOC DIPLOMATE
SVB SIGILLO ORDINIS PHILOSOPHORVM
TESTOR ET CONFIRMO.
P. P. HELMSTADII IN ACADEMIA IVLIA CAROLINA D. XVI. M. IVLII. A. MDCCXCIX.

Doktor-Diplom der Universität Helmstedt für Carl Friedrich Gauß, 1799.

zen. Er vollendete seine zahlentheoretischen Untersuchungen, seine *Disquisitiones arithmeticae*, die er aus Dankbarkeit dem Herzog widmete. In der Widmung des Werkes schrieb Gauß: »Als höchstes Glück, gnädigster Fürst, erkenne ich, daß Du mir erlaubst, mit Deinem erhabenen Namen dieses Werk zu schmücken, das in Erfüllung der heiligen Pflicht dankbarer Liebe ich Dir darbringe. Denn wenn Deine Gnade mir nicht den Zugang zu den Wissenschaften eröffnet, wenn Deine unablässigen Wohlthaten meine Studien nicht bis auf diesen Tag unterstützt hätten, so würde ich den mathematischen Wissenschaften, denen ich aus innerster Neigung zugethan bin, mich nimmer ganz haben widmen können. Ja auch die Betrachtungen deren in diesem Bande ein Theil vorliegt – daß ich sie unternehmen, sie mehrere Jahre fortsetzen, sie aufzeichnen konnte, verdanke ich nur Deiner Güte, welche mir reichte was nöthig war, damit ich, frei von anderen Sorgen, dieser Arbeit vornehmlich obzuliegen vermochte. Deine Großmuth hat all die Hindernisse beseitigt, welche die Herausgabe verzögerten.«[92] Am 16.7.1799 wurde Gauß auf Wunsch des Herzogs an der braunschweigischen Landesuniversität in Helmstedt zum Doktor der Philosophie promoviert, und zwar in absentia und unter Erlaß der mündlichen Prüfung. Der Herzog übernahm die dafür anfallenden Kosten.[93] Die Dissertation trägt den Titel *Demonstratio nova theorematis, omnem functionem algebraicam rationalem integram unius variabilis in factores reales primi vel secundi gradus resolvi posse* (Neuer Beweis des Satzes, daß jede algebraische, rationale, ganze Funktion einer Veränderlichen in reelle Faktoren des ersten oder zweiten Grades zerlegt werden kann). In dieser Arbeit stellt Gauß einen vollständigen Beweis des Fundamentalsatzes der Algebra vor. Dieser Satz, Anfang des 17. Jahrhunderts erstmals ausgesprochen, war zwar bis zu Gauß hin mehrmals bewiesen wor-

Johann Friedrich Pfaff (1765 – 1825).

den, zum Beispiel von so berühmten Mathematikern wie d'Alembert, Leonhard Euler (1707 – 1783) und Joseph Louis de Lagrange (1736 – 1813). Doch alle diese Beweise wiesen, wie Gauß ausführlich darlegt, Mängel auf. Der Dissertation stellte der zuständige Professor der Mathematik in Helmstedt, Johann Friedrich Pfaff (1765 – 1825), folgendes Urteil aus: »Ich kann von dieser Abhandlung nicht anders als sehr vorteilhaft urteilen, da sie von des Verfassers vorzüglichen Fähigkeiten und gründlichen Einsichten einen überzeugenden Beweis enthält, so daß nach deren demnächst zu erwartenden Abdrucke der Kandidat unter diejenigen zu rechnen sein wird, deren Promotion unserer Fakultät zur Ehre gereicht.«[94] Mit dem Erscheinen der *Disquisitiones arithmeticae* im Sommer 1801 rückte Gauß mit einem Schlag in die Reihe der führenden Mathematiker Europas auf. Doch nicht genug damit! Noch im selben Jahr trat ein Ereignis ein, das Gauß auch unter den Astronomen seiner Zeit eine Spitzenstellung einräumte.

Der in Palermo wirkende italienische Astronom Giuseppe Piazzi (1746 – 1820) hatte am 1.1.1801 erstmals einen kleinen Himmelskörper achter Größe entdeckt, von dem er vermutete, daß er ein Planet sei. Doch nur 42 Tage lang – bis zum 11.2.1801 – konnte Piazzi dieses Objekt am Himmel beobachten, dann verschwand es in der Abenddämmerung. Ein neuer Planet, das war damals die Sensation. Doch die im

DISQVISITIONES

ARITHMETICAE

AVCTORE

D. CAROLO FRIDERICO GAVSS

LIPSIAE

IN COMMISSIS APVD GERH. FLEISCHER, Jun.

1801.

Carl Friedrich Gauß, Disquisitiones arithmeticae, Leipzig 1801.

Spätherbst wieder aufgenommenen Beobachtungen des vermuteten Planeten blieben erfolglos. Der neue Planet erregte ein so ungeheures Interesse, daß sich nun Astronomen in ganz Europa daranmachten, seine Bahn zu berechnen, um ihn erneut aufzufinden. Der Planet hatte inzwischen von Giuseppe Piazzi den Namen »Ceres Ferdinandea« (nach Ferdinand IV., König von Neapel und später beider Sizilien, 1751 – 1825) erhalten; später nannte man ihn nur noch Ceres. Die Suche nach ihm blieb zunächst erfolglos.

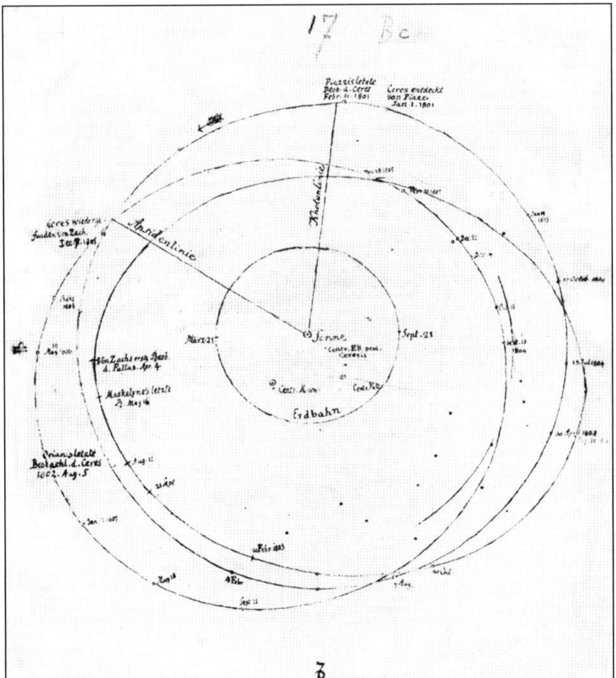

Die Bahnen der kleinen Planeten Ceres, Pallas und Juno, gezeichnet von Carl Friedrich Gauß.

Die Piazzischen Beobachtungen erstreckten sich über einen allzu kurzen Zeitraum; die Daten ergaben nur einen Bogen von 9°, wodurch die üblichen Berechnungen der Bahn zu ungenau wurden.

Gauß hatte sich im Sommer 1801 eigentlich mit der Mondtheorie beschäftigt; da erfuhr er von Piazzis Beobachtungen. Im folgenden November berechnete er nach völlig neu entwickelten Methoden eine Ceresbahn, die allen Daten Piazzis hinreichend Rechnung trug. Unter dem Titel *Fortgesetzte Nachrichten über den längst vermutheten neuen Haupt-Planeten unseres Sonnen-Systems* erschienen Gauß' Berechnungen im Dezemberheft der *Monatlichen Correspondenz zur Beförderung der Erd- und Himmelskunde*, die Franz Xaver von Zach (1754 – 1832) herausgab.[95] Und tatsächlich, noch im selben Jahr, am 7.12.1801, gelang es von Zach auf der Seeberger Sternwarte in Gotha, die Ceres wiederzufinden. Kurz darauf, in der Sylvesternacht, beobachtete auch Wilhelm Olbers (1758 – 1840) in Bremen den Planeten. Weitere, weltweite Beobachtungen folgten: in Lilienthal (bei Bremen) durch Johann Hieronymus Schroeter (1745 – 1816) am 25.1.1802, in Greenwich (London) durch Nevil Maskelyne (1732 – 1811) am 3. und 4.2.1802, in Berlin durch Johann Elert Bode (1747 – 1826), in Paris durch Pierre François Méchain (1744 – 1804), in Wien, in Prag, in Krakau, in Wilna, usw. König Ferdinand IV. ließ zum Andenken an die Entdeckung dieses neuen Planeten sogar eine Medaille prägen. Hinter alldem standen Gauß' Berechnungen. Im Februar 1802 schrieb von Zach: » ... ohne die scharfsinnigen Bemühungen und Berechnungen des Dr. Gauß hätten wir die Ceres vielleicht nicht wieder gefunden, der größere und schönere Theil des Verdienstes gebührt daher ihm.« Ähnlich äußerte sich auch der führende französische Astronom Joseph-Jérôme Lefrançois de Lalande

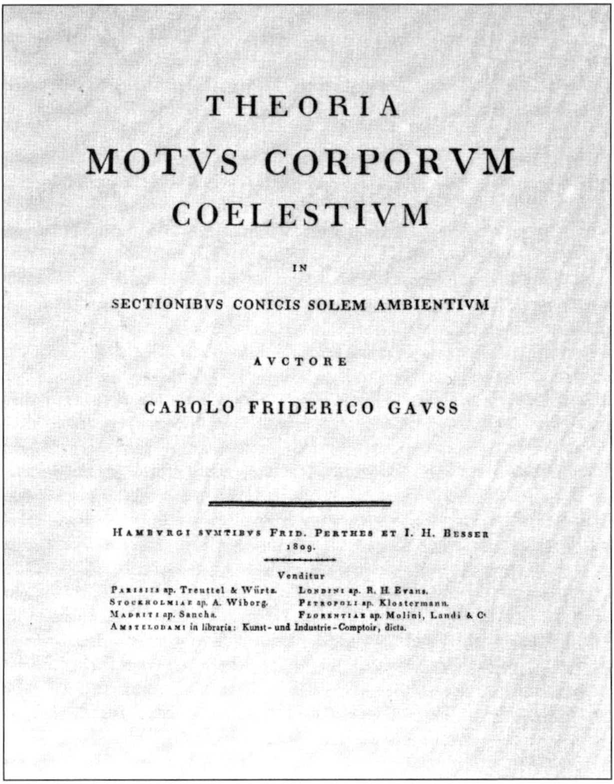

THEORIA
MOTVS CORPORVM
COELESTIVM
IN
SECTIONIBVS CONICIS SOLEM AMBIENTIVM
AVCTORE
CAROLO FRIDERICO GAVSS

HAMBVRGI SVMTIBVS FRID. PERTHES ET I. H. BESSER
1809.

Venditur
PARISIIS ap. Treuttel & Würtz. LONDINI ap. R. H. Evans.
STOCKHOLMIAE ap. A. Wiborg. PETROPOLI ap. Klostermann.
MADRITI ap. Sancha. FLORENTIAE ap. Molini, Landi & C°
AMSTELODAMI in libraria: Kunst- und Industrie-Comptoir, dicta.

Die Theorie der Bewegung der Himmelskörper war das astronomische Hauptwerk von Gauß, 1809.

(1732 – 1807) gegenüber von Zach: »C'est à Mr. Gauß, et ces bons elemens, que vous avez l'obligation d'avoir découvert la planète.«[96] Die neuen Bahnberechnungsmethoden publizierte Gauß in seinem astronomischen Hauptwerk *Theoria motus corporum coelestium in sectionibus conicis solem ambientium* (Theorie der Bewegung der in Kegelschnitten sich

Peter Joseph Krahe (1758 – 1840), Entwurf einer Sternwarte für Gauß, 1806.

um die Sonne bewegenden Himmelskörper); es erschien 1809, genau 200 Jahre nach Johannes Keplers (1571 – 1630) *Astronomia nova*.

Die Wiederauffindung der Ceres bedeutete für

Modell der geplanten Sternwarte für Gauß in Braunschweig, 2004.

Gauß den wissenschaftlichen Durchbruch und weltweite Anerkennung. Auch Gauß selbst bezeichnete dieses Ereignis als »welthistorische Entdeckung«.[97] So wurde er bereits am 31.1.1802 korrespondierendes Mitglied der kaiserlichen Akademie in Petersburg; darüber hinaus erhielt er einen Ruf nach Petersburg als Direktor der kaiserlichen Sternwarte. Diesen Ruf nahm er allerdings nicht an und blieb in Braunschweig. Der Herzog von Braunschweig verbesserte nun seine finanziellen Zuwendungen von 158 Talern auf 400 Taler jährlich[98] und, so schrieb Gauß 1803 an Bolyai: »Ich habe sogar die Hoffnung zu einer kleinen hiesigen Sternwarte – falls nicht der leidige Krieg von neuem unsere Projekte hemmt – Astronomie und Reine Größenlehre, sind einmahl die Magnetischen Pole, nach denen sich mein Geisteskompass immer wendet.«[99] Am 13.11.1802 wurde Gauß zum »amicus et familiaris litterarum commerciis

Wilhelm Olbers (1781 – 1862).

Carl Friedrich Gauß (1777 – 1855).

conjunctus«, Mitglied der königlichen Gesellschaft der Wissenschaften in Göttingen, ernannt. 1803 begann man in Göttingen mit dem Bau einer neuen Sternwarte, und man hoffte, Gauß für das Amt des Direktors gewinnen zu können.

Durch seine Ceres-Berechnungen lernte Gauß den Arzt Wilhelm Olbers kennen, der in Bremen lebte und dort eine private Sternwarte besaß. Olbers entdeckte bald nach der Wiederauffindung der Ceres am 23.3.1802 noch einen weiteren Planetoiden, die Pallas; auch für sie lieferte Gauß in kürzester Zeit die Bahnberechnung. Zwischen Gauß und Olbers entstand eine Freundschaft, die, wie der Briefwechsel zeigt, ungetrübt bis zu Olbers' Tod im Jahre 1840 währte. Olbers, fast 20 Jahre älter, war für Gauß eine Art väterlicher Freund, an den er sich mit all seinen Sorgen immer vertrauensvoll wandte. 1803 besuchte Gauß erstmals seinen Freund Olbers in Bremen. Bei dieser Gelegenheit fertigte der Portraitmaler Schwarz je ein Portrait von Gauß und von Olbers an. Während Gauß' Bildnis bei Olbers in Bremen blieb, wanderte

Olbers' Bildnis mit Gauß zunächst nach Braunschweig und später nach Göttingen. Nach Ceres und Pallas wurden kurze Zeit später noch zwei weitere Planetoiden gefunden: am 2.9.1804 in Lilienthal von Carl Ludwig Harding (1765 – 1834) die Juno und am 29.3.1807 von Wilhelm Olbers die Vesta. Olbers überließ es Gauß, diesem Planetoiden einen Namen zu geben; Gauß wählte »Vesta«, die »Göttin, die die Völker der alten Zeit zur Schutzgöttin der reinen Sitten, der makellosen Tugend und des häuslichen Glücks machten«.[100] Olbers schrieb 1807 scherzhaft an Gauß: »Es ist doch sehr merkwürdig, daß wir von fünf seit 26 Jahren gefundenen neuen Planeten vier geborenen Hannoveranern verdanken.«[101] Friedrich Wilhelm Herschel (1738 – 1822), der Entdecker des Uranus (1781), war ja in der Stadt Hannover selbst geboren. Die weiteren Planetoiden wurden erst in den Jahren nach 1844 aufgefunden.

Nicht nur Gauß' wissenschaftliches Leben erhielt in den ersten Jahren des 19. Jahrhunderts seine entscheidende Wende, sondern auch sein Privatleben: Gauß verliebte sich. Die Auserwählte hieß Johanna Osthoff (geb. 8.5.1780); sie war das einzige Kind des Braunschweiger Weißgerbermeisters Christian Ernst Osthoff. Gauß hatte sie 1803 kennengelernt. Seinem Freund Bolyai beschrieb er sie als »ein herrliches Mädchen, ganz so wie ich mir immer eine Gefährtin meines Lebens gewünscht habe. Ein wunderschönes Madonnengesicht, ein Spiegel des Seelenfriedens und der Gesundheit, zärtliche etwas schwärmerische Augen, ein tadelloser Wuchs, das ist etwas, ein heller Verstand und eine gebildete Sprache das ist auch etwas, aber nun eine stille, heitre, bescheidne, keusche Engelsseele die keinem Wesen wehe thun kann, die ist das beste. Koketterie und Sucht zu glänzen sind ihr fremd.«[102] Am 22.11.1804 fand die Verlobung statt. »Das Leben steht wie ein ewiger Frühling mit neuen glänzenden Farben vor mir«, schrieb Gauß an Bolyai. »O nie hatte ich dieses Glück gehofft; ich bin nicht schön, nicht galant, ich habe nichts anzubieten als ein redliches Herz voll treuer Liebe, ich verzweifelte, je Liebe zu finden.«[103]

Gauß' Briefe an Johanna Osthoff zählen zu den Perlen der deutschen Liebesbriefliteratur. Ein Jahr später, am 9.10.1805, fand in Braunschweig die Hochzeit statt. Wie die Briefe zwischen Gauß und seiner Frau zeigen, haben beide ein überaus glückliches und inniges Eheleben geführt. Am 21.8.1806 wurde das erste Kind, ein Sohn, geboren. Er erhielt den Vornamen Joseph, nach dem Entdecker der Ceres, Giuseppe Piazzi. Joseph ist das einzige von Gauß' Kindern, das in Braunschweig zur Welt kam.

Inzwischen überrannte Napoleon Europa. In der Schlacht bei Austerlitz besiegte er 1805 Österreich und Rußland, in der Doppelschlacht bei Jena und Auerstedt 1806 die Preußen. Bei dieser wurde der bereits greise Braunschweiger Herzog Carl Wilhelm Ferdinand lebensbedrohlich verwundet. Aus seiner Heimat vertrieben, starb er kurz darauf, am 10.11.1806, im dänischen Ottensen bei Altona. Damit verlor Gauß seinen langjährigen Gönner. Franz Xaver von Zach hatte am 27.1.1803 an Gauß geschrieben: »Sie werden schon dafür Sorge tragen, dass sein großer Name auch an den Himmel geschrieben werde.«[104]

Nach diesen Niederlagen wurde Deutschland von den Franzosen besetzt. Bezeichnend für die weltweite Anerkennung, die Gauß damals zukam, war, daß der französische General Pernety den Auftrag hatte, bei der Besetzung Braunschweigs auf Gauß' Wohlergehen besonders zu achten. Gauß sollte ausdrücklich nicht das Schicksal zuteil werden, das im Jahre 212 vor Christus Archimedes (um 285 – 212 v.Chr.) widerfahren war, der bei der Einnahme von Syrakus durch die Römer von einem römischen Soldaten getötet worden war. Veranlaßt wurden diese Vorsichtsmaßnahmen der Franzosen durch die in Paris lebende Mathematikerin Sophie Germain (1776 – 1831).[105] Diese hatte Gauß' *Disquisitiones arithmeticae* eingehend studiert und stand seit 1804 mit Gauß im Briefwechsel. Allerdings unterschrieb sie ihre Briefe zunächst nicht als Mademoiselle Sophie Germain, sondern als Monsieur LeBlanc. Später gestand sie Gauß diese Täuschung und schrieb ihm 1807, »que craignant le ridicule attaché au titre de femme savante, j'ai autrefois emprunté le nom Mr. LeBlanc pour vous écrire et vous communiquer des notes ...«. Gauß antwortete ihr galant in Französisch: »Der Geschmack an den abstrakten Wissenschaften im allgemeinen und im besonderen an den Geheimnissen der Zahlen ist äußerst selten, darüber braucht man sich nicht zu wundern: Die reizenden Zauber dieser erhabenen Wissenschaft enthüllen sich in ihrer ganzen Schönheit nur denen, die den Mut haben, sie gründlich zu untersuchen. Wenn aber eine Person weiblichen Geschlechts, die infolge unserer Sitten und unserer Vorurteile auf unendlich viel mehr Hindernisse und Schwierigkeiten stoßen muß als die Männer, um sich mit ihrer heiklen Erforschung vertraut zu machen, dennoch versteht, diese Hürden zu überwinden und in die verborgensten Geheimnisse einzudringen, dann muß sie ohne Zweifel edelsten Mut, ganz außergewöhnliches Talent, überlegenen Geist besitzen. In der Tat, nichts konnte mir auf angenehmere und unzweideutigere Art beweisen, daß die Reize dieser Wissenschaft, die mein Leben mit so vielen Genüssen verschönt haben, nicht eingebildet sind, als die Vorliebe, mit der Sie sie beehrt haben«.[106] Gauß schätzte Sophie Germain als Mathematikerin hoch ein, an Bolyai schrieb er: »Von Personen, die jenes Werk [die *Disquisitiones arithmeticae*] mit Erfolg studiert hätten, kenne ich bis jetzt nur wenige; oben an steht die Demoiselle Sophie Germain in Paris.«[107] In einem späteren Brief aus Göttingen machte er seine Briefpartnerin in Frankreich auch auf die schwierigen Zeiten infolge der französischen Fremdherrschaft aufmerksam; »Wie glücklich mich meine arithmetischen Beschäftigungen in einer Zeit machen, in der ich um mich herum nur Unglück und Verzweiflung sehe! Nur die Wissenschaften, der Schoß der Familie und die Korrespondenz mit seinen lieben Freunden sind es, in denen man sich entschädigen und von der allgemeinen Trübsal erholen kann.«[108]

Zu diesem Zeitpunkt lebte Gauß bereits in Göttingen, eine der Folgen der napoleonischen Kriege, die auch das Leben von Carl Friedrich Gauß maßgeblich beeinflußt und grundlegend verändert hatten.

Kurfürstentum und Königreich
Carl Friedrich Gauß in Göttingen

Das Jahr 1806 war ein Schicksalsjahr für das Fürstentum Braunschweig-Wolfenbüttel und damit für die Heimat von Carl Friedrich Gauß. Mit dem Tod des regierenden Herzogs Carl Wilhelm Ferdinand nach der Schlacht von Jena und Auerstedt am 10.11.1806 im dänischen Exil in Ottensen bei Altona hatte Napoleon erklärt, »das Haus Braunschweig hat aufgehört zu existieren«. Der Thronfolger, Herzog Friedrich Wilhelm (1771 – 1815) war ein »Herzog ohne Land« und zog mit einer Freischar durch das von Frankreich besetzte Deutschland, was ihm den legendenhaften Ruf des »Schwarzen Herzogs« einbrachte, benannt nach den Uniformen seiner Freischärler, mit denen er schließlich nach England übersetzte und an zahlreichen kriegerischen Auseinandersetzungen in Europa teilnahm.[109] Nach dem Frieden von Tilsit (9.7.1807) ging das welfische Braunschweig im neugegründeten Königreich Westphalen auf, an dessen Spitze König Jérôme (1784 – 1860) stand, der Bruder Napoleons (1769 – 1821)[110]. Am 18.8.1807 hatte Napoleon die Gründung des Königreiches Westphalen verkündet.

Durch die politischen Entwicklungen hatte Gauß die Grundlagen seiner Existenz in Braunschweig verloren, und die Zukunftssorgen waren groß, auch wenn er das Braunschweiger Privatgelehrtenverhältnis eher als Übergangszeit verstanden wissen wollte, wie er in einem Brief an seinen Freund Bolyai am 20.5.1808 zum Ausdruck brachte: »Meine Lage in Braunschweig hatte ich von jeher nur als eine interimistische betrachtet, die sich über kurz oder lang verändern müßte. Daß aber solche Katastrophen mich von da so bald wegtreiben würden, ahndete ich freilich nicht. Du kennst die unglückliche Geschichte

Jérôme Bonaparte (1784 – 1860), König von Westphalen von 1807 – 1813, 1810.

des Herbstes 1806. Wenige Tage vorher noch im Genuß von allen Segnungen des Friedens, sahen wir auf einmal unsere Fluren zum Schauplatze des Krieges werden, sahen wir unsern geliebten Fürsten tötlich verwundet, kaum ein paar Tage Ruhe in seinem Lande findend, den Verfolgungen der Feinde fliehend, um bald in fremder Erde eine Ruhestatt zu finden. Nie habe ich lebendiger gefühlt, wie nichtig alles hienieden ist, daß nur die Aussicht in eine höhere Existenz die grellen Mißtöne des Erdenlebens in Harmonie auflösen kann, als in jenen schrecklichen Tagen, wo wir Zeuge von dem unglücklichen Ende eines der edelsten Menschen waren! Tausende verloren in diesem Wechsel der Dinge sogleich alles; mir persönlich wurden aber die Folgen nicht gleich sehr fühlbar. Auch geschahen mir von mehreren Orten her Anträge, die mich über die Besorgnisse wegsetzten. Ich nahm den Ruf nach Göttingen als Professor Astronomiae und erster Direktor der Sternwarte an (mein Kollege ist Harding, Entdecker der Juno, mit dem ich auf sehr gutem Fuße lebe) und bin seit einem halben Jahre hier.«[111]

Als Carl Friedrich Gauß sich schließlich gezwungen sah, den Ruf nach Göttingen anzunehmen, war Europa heftig in Bewegung geraten. Die erfolgreiche Hegemonialpolitik Napoleons erreichte ihren ersten Höhepunkt mit der Gründung des französischen »Musterstaates« Westphalen.

Gauß war am 21.11.1807 nach Göttingen, ins »hannoversche Ausland« übersiedelt, das inzwischen ebenfalls zum Königreich Westphalen gehörte. Die Zeiten waren unruhig. Auch Carl Friedrich Gauß empfand die Unsicherheit und die Last der französischen Besatzung in Göttingen, wie er 1808 seiner französischen Korrespondenzpartnerin Sophie Germain darlegte: »Wie glücklich mich meine arithmetischen Beschäftigungen in einer Zeit machen, in der ich um mich herum nur Unglück und Verzweiflung sehe! Nur die Wissenschaften, der Schoß der Familie und die Korrespondenz mit seinen lieben Freunden

Stadtgrundriß von Göttingen mit Detailansichten, um 1850.

sind es, in denen man sich entschädigen und von der allgemeinen Trübsal erholen kann.«[112]

Das Kurfürstentum Hannover und seine renommierte Universitätsstadt Göttingen erlebten zu Beginn des 19. Jahrhunderts eine wechselvolle Geschichte als Spielball der Großmächte Frankreich und Preußen. Nicht zuletzt die seit 1717 bestehende Personalunion mit England führte dazu, daß Hannover als »Festlandpfand« Englands verstanden wurde und damit ins Zentrum der Begehrlichkeiten von Preußen und Frankreich geriet. 1803 wurde das Kurfürstentum Hannover von den Franzosen besetzt, ging 1805 an Preußen und fiel 1806 wieder an Frankreich, um schließlich mit seinen südlichen Landesteilen 1807 im Königreich Westphalen aufzugehen. Dieses Königreich Westphalen bestand aus den von Preußen abgetretenen Besitzungen westlich der Elbe, den Ländern des Kurfürsten von Hessen und dem Herzogtum Braunschweig sowie den südlichen Landesteilen des Kurfürstentums Hannover, Göttingen, Grubenhagen, Harz und Hohnstein. Dieses Verwaltungsgebiet wurde in Departements aufgeteilt, bei deren Zuschnitt historische Grenzen keine Rolle mehr spielten. Napoleons Idee eines »liberalen« Verfassungsstaates war im Grunde genommen eine positive Grundlage für die zukünftige Entwicklung.

Die Neuerungen der von Napoleon selbst erlassenen Verfassung orientierten sich am französischen Liberalismus: Gleichheit vor dem Gesetz, einheitliches Recht (Code Napoléon), Aufhebung des Zunftzwanges, Trennung von Justiz und Verwaltung, einheitliche Maße und Gewichtssysteme sowie Gleichstellung aller Religionsgemeinschaften einschließlich der Juden[113]. 1809 bzw. 1810 wurden die traditionsreichen Universitäten Rinteln und Helmstedt aufgelöst, was die herausgehobene Stellung der Universität Göttingen zusätzlich unterstrich. Allerdings verlor diese ihre Autonomie, da die gesamte Stadtverwaltung einschließlich der Schulaufsicht und der Universität dem amtierenden Departementspräfekten unterstellt wurde. Göttingen wurde Hauptstadt des Leinedepartements, das mit etwa 150.000 Einwohnern das kleinste Departement im Königreich Westphalen war, mit den beiden Distrikten Göttingen und Einbeck, zu denen schließlich 1810 noch Rinteln kam[114].

»Gestern ist hier die feierliche Huldigung gewesen«, schrieb Gauß am 29.2.1808 an seine Eltern[115]. Dabei handelte es sich um die Huldigung aller Einwohner des Leinedepartements für den König in Kassel. Die Göttinger versammelten sich um 11 Uhr vor dem Rathaus und schworen vor dem Präfekten Friedrich Freiherr von Hövel (1766 – 1826) »Gehorsam dem König und Treue der Constitution«. Bereits am 1.1.1808 hatte in der Hauptstadt des Königsreichs die offizielle Huldigungsfeier für König Jérôme stattgefunden, bei der Jérôme die Bedeutung der fortschrittlichen Verfassung und die Modernität des neuen Staates hervorgehoben hatte. Ein Mitglied der braunschweigischen Abordnung, Friedrich Karl von Strombeck (1771 – 1848), faßte die allgemeine Stimmung im Lande in seinen Erinnerungen folgendermaßen zusammen: »Die Huldigung hatte Statt gehabt; von uns her entstand eine neue Welt. Das Alte wurde zurückgesetzt, von allen Seiten bildeten sich neue Formen; wir waren gleichsam unter eine andere Zone versetzt. Wenn man aber glauben wollte, daß Trauer und Niedergeschlagenheit der allgemeine Charakter gewesen wäre, so würde man sich unendlich irren. Manchen drückte freilich die Gegenwart nieder; aber im Allgemeinen hoffte man, und glaubte mit dem Verschwinden mancher freilich veralteten Form würde ein neues Leben erwachen.«[116]

Allgemein überwog zu Beginn der »neuen Zeit« die positive Erwartung und insbesondere das städtische Bürgertum arrangierte sich rasch mit der Besatzungsmacht und begrüßte überwiegend die begonnenen Reformen.

Sehr bald jedoch setzte ein Umschwung in breiter Front ein, denn die Steuern und Abgaben stiegen permanent an, neue Lasten wurden den Untertanen auferlegt. Auch Gauß war von einer hohen Kontributionsumlage der Universität Göttingen betroffen, fand jedoch Hilfe und Unterstützung in der mißlichen Lage. Sowohl König Jérôme hatte einen großen Finanzbedarf für Prunk und Repräsentation, als auch Napoleon forderte immer weitere Gelder aus dem Königreich Westphalen, außerdem gefährdete die Kontinentalsperre zunehmend das Wirtschaftsleben des jungen Landes. Der Finanzbedarf Napoleons stieg beständig, denn um seine europäische Machtstellung zu erhalten, galt es eine große Armee und deren kriegerische Unternehmungen zu finanzieren. »Die

Napoleon und seine Truppen bei der Parade, Hermann August Tunica, Mitte 19. Jh.

Kriegskontributionen, Truppenkontingente und Besatzung zehrten das Land finanziell auf«[117]. Insofern war der Musterstaat von Anfang an eine Fehlkonstruktion und diente letztlich weitgehend nur der napoleonischen Geldbeschaffung. Unzufriedenheit und wachsende Unruhen bestimmten allmählich das Bewußtsein der Bevölkerung, die täglich spürbarer werdende wirtschaftliche Misere förderte die Kluft zwischen Herrschenden und Beherrschten. Als Reaktion auf diese Entwicklung wuchsen nationaldeutsche Gefühle[118]. Am Ende blieben nicht die positiven Erneuerungen des Königreiches Westphalen in der Erinnerung, sondern die Lasten und Belastungen einer französischen Besatzungszeit.

Mit der katastrophalen Niederlage Napoleons in Rußland am Ende des Jahres 1812 setzte der allmähliche Niedergang auch des Königreiches Westphalen ein. Zwar konnte sich König Jérôme zunächst noch auf dem Thron in Kassel halten und besuchte auch am 4.4. und 13.6.1813 Göttingen, jedoch zwang ihn die Niederlage Napoleons in der Völkerschlacht von Leipzig, 16. bis 19.10.1813, endgültig zur Flucht. Am 25.10.1813 verließen die letzten Franzosen Göttingen, das in den Wochen davor bereits unruhige Zeiten erlebte[119]. Das hannoversche Wappen ersetzte wieder das westphälische.

Die Truppen der Verbündeten marschierten Ende des Jahres 1813 Richtung Paris, das am 31.3.1814 erreicht wurde. Napoleon mußte abdanken und zog sich nach Elba zurück. Im ersten Pariser Frieden vom 30.5.1814 wurde Frankreich auf die Grenzen von 1792 zurückgedrängt, neuer König von Frankreich war nun Ludwig XVIII. (1755 – 1824), der in den Jahren nach der Französischen Revolution im Exil im braunschweigischen Blankenburg gelebt hatte. Am 24.7.1814 fanden im Kurfürstentum Hannover allgemein Friedensfeiern und Dankgottesdienste statt, bei denen es in Göttingen auf dem Schützenplatz zu ei-

Auseinandersetzung zwischen Studenten und Handwerkern bei der Friedensfeier am 24. Juli 1814 in Göttingen.

ner wüsten Schlägerei zwischen Studenten und Handwerkern kam.

Noch während der am 1.11.1814 in Wien eröffnete »Wiener Kongreß« tagte, um die Neuordnung Mitteleuropas zu beraten, kehrte Napoleon am 1.3.1815 aus Elba zurück. Sein schneller und triumphaler Erfolg in Frankreich konnte jedoch die Verhandlungen in Wien nicht entscheidend beeinflussen. Schon im Vorfeld hatte der hannoversche Delegierte Ernst Friedrich Herbert Graf Münster (1766 – 1839) im Auftrag des englischen Prinzregenten Georg (1762 – 1830)[120] am 12.10.1814 erklärt, daß die hannoverschen Lande zukünftig ein Königreich bilden sollten, weil der Titel eines Kurfürsten bedeutungslos geworden sei[121], ebenso war die Personalunion mit England wiederhergestellt, so daß sich letztlich für Hannover politisch kaum etwas änderte. Allerdings gelang es bei den Verhandlungen, das Gebiet Hannovers gegenüber dem früheren Kurfürstentum erheblich zu erweitern. Auch Oldenburg wurde damals erweitert und zum Großherzogtum erhoben, während Braunschweig lediglich in seinen alten Grenzen und in seinem Status als Herzogtum wiederhergestellt wurde. Dies sollte in späteren Auseinandersetzungen mit Hannover und dessen Verhandlungsführer Graf Münster zu heftigen Vorwürfen des Verrates führen[122]. Tatsächlich ist aber die äußerst zweifelhafte Rolle des Grafen Münster, die er im Auftrag des Prinzregenten und späteren Königs Georg IV. gegenüber und zu Lasten Braunschweigs gespielt hatte, bis heute noch nicht umfassend genug erforscht[123]. Die Neuordnung Europas war vorläufig mit der Bundesakte vom 8.6.1815 abgeschlossen, die den »Deutschen Bund« zur künftigen staatlichen Organisationsform Deutschlands machte. Es war ein lockeres Bündnis von neununddreißig souveränen Staaten und Städten, mit einem ständigen Gesandtenkongreß, dem »Bundestag«, als einzigem gemeinsamen Verfassungsorgan. Preußen hatte von der Neuordnung erheblich profitiert und war der größte deutsche Territorialstaat geworden, der sich auch westlich des Rheines neu etabliert hatte, jedoch lag Hannover wie ein Korridor zwischen den östlichen und westlichen Staatsgebieten Preußens – ein erheblicher Konfliktfaktor zukünftiger Entwicklungen. Eingeschnürt und ohne Gebietsarrondierung – etwa im Hildesheimischen – fand sich schließlich das alte und neue Braunschweig in einer steten Bedrohung durch die Begehrlichkeiten sowohl von Hannover als auch von Preußen.

Weiteres Konfliktpotential in den Ländern des Deutschen Bundes bedeutete die Verfassungsfrage, bei der sich konservative oder liberale Kräfte gegenüberstanden, also absolutistisch oder konstitutionell. Es war kaum noch eine Frage in der Politik, daß geschriebene Verfassungen zugrundegelegt werden sollten, es stellte sich nur das Grundsatzproblem, ob Repräsentativverfassungen nach französischem Vorbild oder stärker ständisch orientierte Verfassungen, wie in England. Die Bundesakte formulierte kurz und knapp, in alten Bundesstaaten werde »eine landständische Verfassung stattfinden«. An diesem Problem sollten sich in den folgenden Jahren grundlegende Konflikte in Braunschweig, Hannover bzw. Göttingen entzünden.

Der Deutsche Bund war eine Verbindung der Fürsten, nicht der Bürger. Die Idee der Volkssouveränität mit Einheit und der Selbstbestimmung der Deutschen blieb eine Idee, aus den patriotischen Bewegungen der Freiheitskriege geboren, aber nicht zum Leben erweckt. Ernst Moritz Arndt (1769 – 1860), der die Freiheitskriege als »Kreuzzug« und als »heiligen Krieg« beschrieben hatte, drückte die Ablehnung dieses konstitutionellen Beharrens in einem

Brief an Georg Andreas Reimer (1776 – 1842) am 19.9.1815 sehr deutlich aus: »Das Vaterland kann wohl kaum ohne eine wilde Umwälzung gerettet werden«[124].

Nation und Revolution – dies waren die Ängste der Fürsten, Einheit und Freiheit die Ideale der Nationalbewegung. Noch aber galt es zunächst, Napoleon endgültig zu besiegen. Diese letzte notwendige Auseinandersetzung fand in Belgien statt und Braunschweig zahlte einen hohen Preis: der regierende Herzog Friedrich Wilhelm verlor bei Quatrebras am 16.6.1815 sein Leben, zwei Tage vor der entscheidenden Auseinandersetzung von Waterloo am 18.6.1815. Der zweite Pariser Friede am 21.11.1815 beendete schließlich die Ära Napoleon.

Als einige Länder die in der Bundesakte festgelegte landständische Verfassung verwirklichten, zeigte sich rasch, wie wenig sich die vorsichtigen Hoffnungen, daß aus den Befreiungskriegen ein konstitutioneller deutscher Nationalstaat hervorgehen könnte, erfüllen sollten. 1819 in Hannover und 1820 in Braunschweig wurden Verfassungen mit dem Zweikammersystem verabschiedet, womit die Vormachtstellung des Adels im politischen Leben fest verankert war. Die Verfassungsentwicklung in Deutschland insgesamt stagnierte. Eine erste Reaktion der Enttäuschten artikulierte sich beim Wartburgfest am 18.10.1817, zu dem sich etwa 500 Studenten von den zahlreichen Burschenschaften an deutschen Universitäten versammelt hatten. Zwei Jahre später ermordete der Student Karl Ludwig Sand (1795 – 1820) den russischen Staatsrat und Schriftsteller August von Kotzebue (1761 – 1819), ein politischer Mord mit weitreichenden Folgen, denn er schien die schlimmsten Erwartungen Metternichs (1773 – 1859) und der deutschen Fürsten hinsichtlich einer deutschen Revolution im Namen von Einheit und

Freiheit zu bestätigen. Auch in Göttingen erwiesen sich die aus den Freiheitskriegen zurückkehrenden Studenten als politisch bewußte Patrioten. Die Unruhen von 1815, 1818 und 1830 hatten jedoch keine nachhaltige Bedeutung. Dennoch, die Reaktion der Fürsten im Deutschen Bund erfolgte prompt. Im August 1819 veränderten die Minister der deutschen Staaten in Karlsbad wesentliche Teile der Bundesverfassung. Diese Entscheidungen sollten als »Karlsbader Beschlüsse« in die Geschichte eingehen. Für Hannover hatten der Graf Münster und der Gesandte in Wien, Ernst Christian Georg August Graf von Hardenberg am Karlsbader Kongreß teilgenommen. Verschärfung der Zensur, strenge Überwachung der Universitäten, Unterdrückung der demokratischen Bestrebungen an den Universitäten, Entlassung »demagogischer« Professoren und die Möglichkeit der Bundesexekution gegen revolutionär gefährdete Mitgliedstaaten waren die Hauptteile der beschlossenen Unterdrückungsmaßnahmen. Es war die reaktionäre Wende, von der in den nächsten Jahrzehnten die wichtigsten Gesetze und Verfassungsbeschlüsse ausgingen.

Im Hannoverschen war das Herrscherhaus durch den allgemein beliebten Herzog Adolf Friedrich Herzog von Cambridge (1774 – 1850) vertreten, der seit Oktober 1816 als Generalgouverneur amtierte. Er wurde bei seinem Besuch in Göttingen im folgenden Jahr mit der Ehrenbürgerwürde geehrt. Den entscheidenden politischen Einfluß in London übte jedoch Graf Münster aus, der auch in der unglückseligen Ehegeschichte des Prinzregenten mit der braunschweigischen Prinzessin Caroline (1768 – 1821) eine agitatorische Rolle spielte[125]. Der hannoversch-britische Prinzregent Georg hatte außerdem seit dem Tod des braunschweigischen Herzogs Friedrich Wilhelm bei Quatrebras die vormundschaftliche Regie-

Ernst Friedrich Herbert Graf Münster (1766 – 1839), um 1820.

rung für den minderjährigen Herzog Karl II. (1804 – 1873) von Braunschweig, woraus sich ebenso politische Einflußnahme Hannovers auf Braunschweig ergab, wie spätere Konflikte vorprogrammiert waren. In diesem Falle spielte Graf Münster ebenfalls eine wichtige Beraterrolle für das Herrscherhaus. König Georg III. starb am 29.1.1820 und der bisherige Prinzregent folgte ihm als König Georg IV. auf den Thron. Im Oktober 1821 besuchte er das Königreich Hannover und »fand sich bei dieser Besuchsreise von reiner Begeisterung umgeben; öffentliche Kritik an seiner Person wurde im Hannoverschen nicht geäußert«[126]. Am 30. Oktober hielt er sich in Göttingen auf. Es war ein formeller Pflichtbesuch und »die Vorstellung der Universitätsangehörigen mußte kurzfristig in das ›physikalische Kabinett‹ verlegt werden, weil der übergewichtige und gichtleidende Georg IV. einen ebenerdigen und beheizbaren Raum verlangt hatte. Zur allgemeinen Enttäuschung reiste er noch am selben Tag ab und überließ es dem Herzog von Cambridge, weitere ihm zugedachte Ehrungen entgegenzunehmen. Im Gegensatz zum König, der einen gemischten Eindruck hinterließ, erwarb sich der Herzog bleibende Zuneigung durch sein ›populäres Benehmen‹«[127].

Georg IV. starb am 24.6.1830 und sein Bruder Wilhelm IV. (1765 – 1837) wurde Nachfolger auf dem hannoversch-britischen Thron. Jedoch bestimmte nicht dieser Thronwechsel die Bedeutung des Jahres 1830, sondern die Julirevolution in Frankreich sowie die Vertreibung des braunschweigischen Herzogs Karl II. im September, in der sich die Unzufriedenheit mit den politischen Verhältnissen gewaltsam niederschlug. Das Residenzschloß in Braunschweig wurde geplündert und niedergebrannt. Der Konflikt mit der Oberschicht des Landes, eine skandalöse Auseinandersetzung mit Graf Münster, den er sogar persönlich zum Duell herausforderte und die Ablehnung der während der Vormundschaft verabschiedeten Landschaftsordnung (Staatsgrundgesetz) waren die wesentlichen Momente des Konfliktes, der schließlich im September eskalierte. Mit der Ableh-

König Georg IV. (1762 – 1830) war verheiratet mit der braunschweigischen Prinzessin Caroline (1768 – 1821).

nung der Verfassung aber stand Herzog Karl II. in Norddeutschland keineswegs allein, wie die Entwicklung im benachbarten Hannover noch zeigen sollte.

Mit Sorgen beobachtete die Obrigkeit in Hannover die wachsenden Proteste wegen hoher Steuern und

Herzog Karl II. von Braunschweig (1804 – 1873), der wegen seines Verfassungsbruches aus Braunschweig 1830 vertrieben wurde, 1829.

Nahrungsmittelpreise, jedoch blieben diese Unruhen weitgehend lokal begrenzt und in ihrer Wirkung bedeutungslos. Unruhig war es auch in Göttingen, zumal der Rückgang der Studentenzahlen an der Universität um fast ein Viertel im zurückliegenden Jahrzehnt spürbare ökonomische Auswirkungen für die Bürgerschaft hatte.

Brand des Residenzschlosses in Braunschweig nach der Vertreibung des Herzogs Karl II. am 7. September 1830, 1830.

Ein besonderes Alarmsignal für Hannover war jedoch der Umsturz in Braunschweig, der auch Protestaktionen in Hannover und Hildesheim mit sich brachte. Man verlegte Truppen in den Süden des Landes in die Gegend von Göttingen, um die Grenze nach Hessen zu sichern. Dadurch stieg nun die Besorgnis der Göttinger Bürger vor einem militärischen Eingreifen in ihrer Stadt. Besonders unzufrieden waren die Bürger in den Städten Göttingen und Osterode, da in den neuen Stadtverfassungen die Vertretung der Bürgerschaft nicht so maßgeblich verankert war, wie man in mehrfachen Eingaben gefordert hatte. Insbesondere waren in Osterode die Advokaten ausdrücklich vom Recht, zum Bürger-Repräsentanten gewählt zu werden, ausgenommen. In Göttingen forderten die Bürger mehr Mitsprache in den Angelegenheiten der Stadt und des Landes. Flugschriften heizten die Stimmung weiter auf, so als der Justizrat

Friedrich Wilhelm von dem Knesebeck (1789 – 1867) verschärfte Zensurmaßnahmen forderte und das Volk als »Kanaille« bezeichnete[128], oder der Osteroder Advokat Georg Friedrich König (1781 – 1848) seine Schrift *Anklage des Ministeriums Münster vor der öffentlichen Meinung* veröffentlichte. In ihr nahm er eine gnadenlose Abrechnung mit der Reaktionszeit vor und zählte die vielfältigen Versäumnisse des Grafen Münster auf, dessen Untätigkeit in den notwendigen Reformen zum Schaden des Volkes und der wirtschaftlichen Entwicklung des Landes Hannover sei.

Dabei nahm der Autor den König ausdrücklich von allen Vorwürfen aus, »weil er nichts von den Mißständen wisse«[129]. Ob die Tatsache der Unkenntnis aus Desinteresse am eigenen Land und Volk allerdings positiv zu bewerten ist, erscheint zumindest zweifelhaft, erklärt jedoch die besondere Bedeutung, die der Person des Generalgouverneurs und Vizekönigs zukam.

Am 8.1.1831 kam es in Göttingen zu einer tumultartigen Erhebung, in deren Verlauf das Rathaus besetzt wurde. Ein revolutionärer Gemeinderat übernahm die Macht, eine Nationalgarde aus Bürgern und Studenten wurde gebildet und eine Proklamation erlassen, die für Hannover »eine vollkommen freie Verfassung« forderte: »Um den durch die bisherige allgemeine Noth erzeugten Beschwerden abzuhelfen und zugleich die durch dieselben bereits entstandenen und noch drohenden Unruhen für die öffentliche Ordnung gefahrlos zu machen, haben sich die Unterzeichneten mit uns vereinigt, in eine National=Garde zusammen zu treten, deren Organisation alsbald stattfinden soll. Wir verpflichten uns Alle für Einen und Einer für Alle, die öffentliche Ordnung aufrecht zu erhalten, zugleich aber sobald als es irgend geschehen kann, Sr. Majestät, unserem vielgeliebten

Könige unmittelbar die geeignete unterthänigste Vorstellung zu thun, Allerhöchst Denselben zu bitten, allernächstens in einer durch freie selbstgewählte Volksvertreter gebildeten Ständeversammlung das Wohl und wahre Beste Seines getreuen Volks berathen und für das Hannoversche Land eine vollkommen freie Verfassung errichten zu lassen. Die Hoffnung, daß alle unsere und auswärtige Mitbürger in den Städten und auf dem Lande sich zu demselben Zwecke mit uns vereinigen werden, ist um so mehr begründet, als die Ursache unsers Zusammenbleibens allgemein ist.

So geschehen Göttingen den 8. Januar 1831.«[130]

Treibende Kraft dieser liberalen Bewegung waren drei Privatdozenten der juristischen Fakultät der Universität Göttingen: Johann Ernst Hermann von Rauschenplat (1807 – 1868), Carl Wilhelm Theodor Schuster (geb. 1808) und Julius Heinrich Ahrens (1808 – 1874) sowie der Advokat Franz Christian Heinrich Eggeling (1786 – 1855) und der Sinologe Johann Heinrich Plath (1803 – 1874). Die Situation blieb sehr verworren, zumal sich die städtischen Vertreter und die Professoren und Studenten der Universität nicht auf ein gemeinsames Vorgehen einigen konnten. Kurz zuvor waren die Unruhen in Osterode kurzerhand vom Militär niedergeschlagen worden und man befürchtete das gleiche Vorgehen in Göttingen. Zwar blieb die Garnison in der Stadt ruhig, und zog schließlich am 17.1.1831 ab, jedoch beobachtete man dagegen mit Sorgen die Ansammlung des Militärs in der Umgebung von Göttingen.

Daher wurde eine Delegation aus Göttingen nach Hannover zum Generalgouverneur Herzog Adolf Friedrich von Cambridge geschickt, jedoch konnte man sich noch nicht einmal innerhalb der Delegation auf eine einheitliche Verhandlungslinie einigen, was jeglichen Erfolg schließlich verhinderte. Auch die

Universität hatte am 13. Januar eine eigene Delegation nach Hannover gesandt. Ihr gehörte der Historiker Friedrich Christoph Dahlmann (1785 – 1860) an, der für eine harte Haltung gegenüber der Bürgerschaft eintrat. Die Regierung hatte die Vorgänge in Osterode und Göttingen sowie die Solidaritätsbekundungen umliegender Städte als Gefahr eines allgemeinen Aufstandes gegen das System der Reaktion bewertet und das gesamte Militär des Landes in Alarmbereitschaft versetzt sowie die Truppen um Göttingen verstärkt. Man nahm eine kompromißlose Haltung gegen die Göttinger Forderungen ein, verlangte die Niederlegung der Waffen und forderte die völlige Unterwerfung der Stadt. Zwar gab es von den Aufständischen Aufrufe zur Verteidigung der Stadt. Gegen ein einmarschbereites Belagerungsheer mit mehr als 7000 Mann sahen die Revolutionäre jedoch keine Chance. Noch am Abend des 15.1.1831 übernahm der alte Magistrat wieder die Macht, und am nächsten Tag zogen die Truppen kampflos in die Stadt Göttingen ein. Die Anführer des Aufruhrs, die drei Privatdozenten, konnten nach Frankreich fliehen, Eggeling und Plath dagegen wurden mit anderen Teilnehmern verhaftet. Die Vertreter der Stadt waren nun eifrig bemüht, das »Geschehene vergessen zu machen« und der Stadt die »alte Huld und Gnade« wieder zu sichern[131].

Eine Woche später besuchte der Herzog von Cambridge Göttingen. Bei einem Dankgottesdienst am 23. Januar in der Jacobikirche versicherte der Superintendent Christian Friedrich Ruperti (1765 – 1836), daß Göttingen wieder zur gesetzlichen Ordnung zurückgekehrt sei und feierte die Rettung der Stadt, die sich acht Tage lang in Händen weniger Aufrührer befunden hätte. Die Gefahr eines Aufstandes war nun zwar beseitigt, dennoch erreichte die Regierung in Hannover zahlreiche Petitionen von Gemeinden des

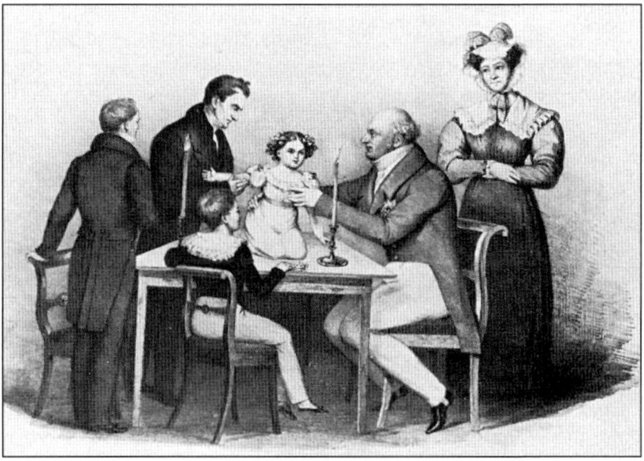

Adolph Friedrich Herzog von Cambridge mit Familie und Freunden, um 1825.

Landes, in denen mehr Rechte für die Bürgerschaften, bessere Volksvertretung, Pressefreiheit u.a. gefordert wurden. Der Herzog von Cambridge äußerte sich vorsichtig versöhnlich gegenüber diesen Reformforderungen, eine Verfassung jedoch lehnte er ab. Völlig verständnislos reagierte dagegen die Regierung in London, die keinerlei Zugeständnisse zuließ und Göttingen mit der Verlegung der Universität drohte. Graf Münster überlegte sogar, die Kosten des Militärs von Göttingen als Kriegskontribution einzutreiben.

Zwar konnten derart harte Reaktionen verhindert werden, jedoch war klar, daß die bisherige Politik der Reaktion vor dem Hintergrund der Unruhen eine Veränderung erfahren mußte. Der Herzog von Cambridge faßte dazu notwendige Grundsätze in einer Denkschrift vom 3.2.1831 an den König in London zusammen. Die Notwendigkeit von Reformen und Stärkung der Zuständigkeiten der Regierung in Hannover ergäben sich auch mit Blick auf die Veränderungen in den Nachbarländern, wie etwa Braunschweig. Die Folgen dieser Denkschrift waren gravierend. Graf Münster trat am 14.2.1831 zurück und am 22.2.1831 wurde die Ernennung von Herzog Adolf Friedrich von Cambridge zum Vizekönig von Hannover verkündet.

König Wilhelm IV. (1765 – 1837), um 1835.

Die Göttinger feierten diese Ernennung, war der Herzog doch stets populär bei den Professoren und der Bürgerschaft geblieben. Die von der Regierung am 18. Januar geschlossene Universität wurde ebenfalls Mitte August wieder eröffnet und allmählich normalisierte sich das Leben in der Stadt wieder.

Die folgenden Jahre waren wesentlich bestimmt von der endgültigen Fertigstellung der Stadtverfassung, die einem Teil der Bürger mehr Mitsprache ermöglichte. Die Universität dagegen wurde stärker kontrolliert und ihre Autonomie weiter eingeschränkt. Nach wie vor waren im Land Hannover freie und kritische Meinungsäußerungen für die Betreffenden gefährlich. Eine Reihe von Flugschriften zeigten die herrschenden Mißstände in Städten und auf dem Land auf, mußten jedoch im Ausland erscheinen. Besonders hart ging man – trotz zahlreicher Petitionen um Begnadigung – gegen die Teilnehmer der Göttinger Revolution vor. Obwohl diese auch Anstoß für notwendige Reformen gegeben hatten, »verfolgte die Staatsmacht die an diesen Ereignissen Beteiligten mit unnachsichtigem Haß«[132]. Dies mag soweit genügen, um die undemokratische Handlungsweise der Regierung Hannovers dieser Zeit zu charakterisieren, vor deren Hintergrund die schließlich spektakulären Ereignisse von 1837 kaum noch als überraschend angesehen werden können.

In den Jahren nach den revolutionären Unruhen sind besonders die Bemühungen in Braunschweig und Hannover um die notwendigen Verfassungsfragen hervorzuheben. Trotz aller Bemühungen in den meisten Ländern des Deutschen Bundes standen die Zeichen der Zeit nicht gut für die Verabschiedung liberaler Verfassungen, wie sie in den Unruhen gefordert worden waren. Insbesondere die Beseitigung adliger Vorrechte sollte nicht gelingen. Braunschweig hatte nach der Vertreibung des Despoten Herzog Karl II. mit der Thronfolge durch dessen Bruder, Herzog Wilhelm (1806 – 1884), bis 1884 eine weitgehend positive Entwicklung genommen[133]. Am 12.10.1832 wurde die Neue Landschaftsordnung verabschiedet, ein Staatsgrundgesetz[134], das dem Typ einer modernen Repräsentativverfassung sehr nahegekommen ist. Allerdings das Organ, »mit welchem die Regierung die neue Verfassung vereinbarte, war kein zu diesem Zweck gewähltes Parlament, erst recht keine auf dem Prinzip der Volkssouveränität gründende Konstituante, sondern niemand anders als die bisherigen privilegierten ›Standesklassen‹. Das war übrigens in keinem der deutschen Staaten, in denen zu Beginn der 1830er Jahre Repräsentativverfassungen beschlossen wurden, anders. Nirgendwo hatten also die Volkserhebungen die veralteten Ständevertretungen hinweggefegt.«[135]

Dennoch kann man die Braunschweigische Verfassung von 1832 liberal nennen, »wenn man dabei nicht außer acht läßt, daß ihre Vorzüge in der geschickten Verknüpfung ständischer Elemente mit konstitutionellen Ideen und Verfassungsnormen liegen«.[136]

In Hannover wurde das Staatsgrundgesetz erst ein Jahr später am 26.9.1833 verabschiedet. Es behielt ebenfalls das Zweikammersystem bei, ermöglichte jedoch dem Bauern- und Bürgertum den Zugang zur zweiten Kammer. Beide Verfassungen verfügten über einen Grundrechtekatalog, dennoch war ihre politische Wirkung in den beiden Ländern zunächst relativ gering.

Maßgeblichen Anteil am hannoverschen Verfassungsentwurf hatte der Göttinger Professor Friedrich Christoph Dahlmann. Er und sechs weitere Göttinger Professoren rückten schließlich 1837 die Göttinger Universität in den Blickpunkt der deutschen Öffentlichkeit, obwohl die Ursache der dramatischen Ereignisse in Hannover lag.

Despotismus und Verfassungsbruch
Die »Göttinger Sieben«

Am 20.6.1837 starb König Wilhelm IV., ihm folgte sein Bruder Ernst August (1771 – 1851) auf dem hannoverschen Thron, während in England deren Nichte Viktoria (1819 – 1901) den Thron übernahm, womit die Personalunion zwischen beiden Ländern endete. Am 28.6.1837 traf Ernst August in Hannover ein. Von ihm neu ernannt wurde als Minister Georg von Schele (1771 – 1844), der als Führer der Adelsopposition dem König vorschlug, das Staatsgrundgesetz umgehend aufzuheben. Schele erhoffte die Bestärkung der Vorrangstellung des Adels, zumal Ernst August bereits in England zu den führenden Vertretern der stockkonservativen Hochtories gehört hatte. In seinem Regierungsantrittspatent vom 5.7.1837 erklärte der König, daß ihn das Staatsgrundgesetz for-

Ernst August, König von Hannover (1771 – 1851), unter seiner Regierung erfolgte 1837 der Protest der »Göttinger Sieben«.

mell und materiell nicht binde und kündigte mögliche Veränderungen an.

Die Ständeversammlung wurde daher auch ohne Widerspruch am nächsten Tag vertagt. Die Einhundertjahrfeier der Universität von Göttingen vom 16. bis 19.9.1837 war zwar schon von diesen Unsicherheiten des politischen Geschehens überschattet, jedoch gab es noch keinen offenen Widerspruch oder gar demonstrativen Protest gegen die Entscheidungen des Königs.[137] Mit einer Denkschrift vom 6.9.1837 versuchte nun Minister von Schele erneut, den König von der Notwendigkeit zu überzeugen, das Staatsgrundgesetz umgehend aufzuheben. Am 30.10.1837 löste König Ernst August zunächst die Ständeversammlung auf, und am 1.11.1837 schließlich kam der große Schlag: König Ernst August von Hannover erklärte das Staatsgrundgesetz für erloschen. Ähnlich wie in Braunschweig 1830 entzündete sich der tiefgreifende Konflikt im Staate an der Verfassungsfrage.

Anders als in Braunschweig aber, wo man den Despoten und Verfassungsbrecher auf dem Thron stürzte und aus dem Land jagte – ohne grundsätzlich an der Idee der Monarchie zu rütteln –, blieb der Protest im hannoverschen Bürgertum weitgehend aus. Man duckte sich und später feierte »dem Landesvater sein treues Volk«. Am 14.11.1837 hat eine Verordnung die Neuorganisation der Regierung des hannoverschen Staates festgelegt. Ein Staatsminister (Georg von Schele) bildete die Spitze der Regierung, neben ihm gab es Fach- oder »Departements«-Minister für Militär, Justiz, Inneres und Finanzen. »Die Fachminister sollten in Gegenwart des Staats- und Kabinettsministers Vortrag beim König halten, der Kriegsminister jedoch vom Monarchen ohne dessen Begleitung empfangen werden. Kollegiale Beratungen der Minister waren nicht vorgesehen. Der König wollte alle Entscheidungsbefugnisse auf sich konzentrieren, sich dabei allerdings von einem Staatsrat beraten lassen.«[138]

Die Staatsdiener sollten zukünftig den Treueid nicht mehr auf die Verfassung ablegen, sondern auf den König als Person. In dieser Situation erfolgte eine wichtige Reaktion von einigen Professoren aus

Göttingen, die die Initiative ergriffen, ihrem Protest und ihrer Empörung öffentlich Ausdruck zu verleihen. Der Historiker Friedrich Christoph Dahlmann entwarf am Abend des 17.11.1837 eine Protestation, die am 18. November allerdings nur von sieben der zweiunddreißig Ordinarien der Göttinger Universität unterzeichnet wurde – jedoch mit erheblicher öffentlicher Wirkung. Die Mitunterzeichner waren der Jurist Wilhelm Eduard Albrecht (1800 – 1876), die Germanisten Jacob (1785 – 1863) und Wilhelm Grimm (1786 – 1859), der Historiker Georg Gottfried Gervinus (1805 – 1871), der Physiker und Freund von Carl Friedrich Gauß, Wilhelm Eduard Weber (1804 – 1891), sowie der Orientalist und Schwiegersohn von Gauß, Heinrich August Ewald (1803 – 1875).

Die Unterzeichner sahen sich weiterhin an ihren Eid auf das Staatsgrundgesetz gebunden, beriefen sich auf ihr Gewissen und erkannten eine nach Anweisung des Königs gewählte Ständeversammlung nicht als rechtmäßig an. Das Universitätskuratorium in Hannover stellte in einer Antwort an die »Göttinger Sieben« – wie sie bald in der Öffentlichkeit genannt wurden – dagegen fest, »die Verpflichtung, das Staatsgrundgesetz zu beachten, sei nur eine vom Landesherrn ausgehende Dienstanweisung gewesen; sie könne von dem ›rechtmäßigen und angestammten Landesherrn‹ auch wieder aufgehoben werden«[139].

Während die »Göttinger Sieben« mit der Verteidigung des konstitutionellen Staatsgrundgesetzes den Weg für ein revidiertes Staatsverständnis und ein modernisiertes Verfassungsrecht aufzeigten, handelten der Monarch und sein erster Minister in Form eines Staatsstreiches gegen die gültige Verfassung und begingen damit einen gravierenden Verfassungsbruch. König Ernst August aber sah sich dabei im Recht, hatte er im Deutschen Bund sogar Fürst Metternich auf seiner Seite, der lediglich monierte, daß der Hannoveraner direkt nach der Thronbesteigung die Verfassung hätte aufheben müssen.

Die öffentliche Wirkung der Protestation dagegen war erheblich. Es formierte sich eine Opposition gegen die Entscheidungen des Königs im ganzen Land. Die Regierung in Hannover witterte bereits Revolution und Hochverrat und Minister von Schele empfahl Ende November dem König die Entlassung der sieben Professoren. Zunächst legte man den Betroffenen nah, selbst um ihre Entlassung zu bitten, jedoch bekräftigten diese am 11.12.1837 öffentlich ihre Haltung, so daß sich die Regierung, dabei über jegliches geltende Recht hinwegsetzend, zum Handeln gezwungen sah. Noch am gleichen Tag verfügte sie die Entlassung der sieben Professoren. Dahlmann, Jacob Grimm und Gervinus mußten das Land binnen drei Tagen verlassen. Auch Carl Friedrich Gauß hatte die Protestation nicht unterzeichnet. Er soll zwar die Beweggründe der Kollegen akzeptiert und aufgrund der gravierenden Folgen daran gedacht haben, Göttingen zu verlassen, jedoch erfolgte keine öffentlichkeitswirksame Reaktion. Es wäre müßig, über die Gründe zu spekulieren, aber Gauß war nun einmal weitgehend kein politischer Bürger, er lebte ganz für seine Wissenschaft. Die ambivalente Haltung seiner Persönlichkeit drückte sich auch in seinen Bemühungen aus, den Entlassenen zu helfen. Ernsthaft bemühte er sich – im Sinne ihrer gemeinsamen Forschungen – etwas für Weber zu tun und schrieb am 13.5.1838 an Alexander von Humboldt (1769 – 1859) in Berlin: »das Fortbestehen meiner ganzen naturwissenschaftlichen Tätigkeit in Göttingen ist wesentlich an Webers Erhaltung für Göttingen geknüpft. Ich hatte früher große Hoffnung, Weber für Göttingen zu erhalten; sie sind in der letzten Zeit fast verschwunden. Ich setze jetzt fast meine letzte Hoffnung nur noch auf Sie. Möchten Sie bei der jetzigen Anwesenheit unseres Königs in Berlin (wie ich eben aus der Zeitung sehe, ist er vorgestern dahin abgereist) einen günstigen Augenblick finden, die Zerstörung aller

Die »Göttinger Sieben«, darunter der Schwiegersohn von Gauß, H. A. Ewald (2. R. li.) und Wilhelm Weber (2. R. re.).

meiner Hoffnungen noch zu hindern und uns Weber zu erhalten.«

Im gleichen Brief ging er auch auf die Abreise seines Schwiegersohnes ein und meinte: »Meine Tochter ist vorgestern mit Ewald nach Tübingen abgereist; ich habe seinetwegen keine Verwendung irgendwie auch nur versucht, da es gegen meine Handlungsweise ist, persönliche Rücksichten geltend zu machen. Göttingen wird seinen Verlust schwer empfinden. Unendlich schmerzlicher ist mir freilich die Trennung von meiner Tochter!«[140]

Die Intervention blieb erfolglos und Wilhelm Eduard Weber nahm schließlich 1843 einen Ruf nach Leipzig an, nachdem er mit Rücksicht auf Gauß zunächst noch in Göttingen geblieben war. Carl Friedrich Gauß aber litt persönlich unter diesen Entwicklungen und seine wissenschaftliche Arbeit war durch die Trennung von Weber geradezu gelähmt, wie sein Sohn Joseph in einem bisher unveröffentlichen Brief an seine Schwester Minna Ewald am 13.8.1838 mitteilte: »Er mag in einer recht finsteren Stimmung sein, seit er es hat aufgeben müßen Weber dort festzuhalten, besonders, da auch seine wissenschaftliche Thätigkeit großentheils gelähmt sein muß, seit dem er nicht mehr mit Weber zusammen arbeiten kann.«[141]

Wilhelmine (Minna) Gauß (1808 – 1840), älteste Tochter von C. F. Gauß, um 1835.

Während Universität und Bürgerschaft zu größten Teilen ihre Loyalität gegenüber dem König erklärten, kam es unter den Studenten zu Protesten und Unruhen, jedoch verhinderte das Militär größere Ausschreitungen. Die Protestation und Verbannung hatten ein großes Echo in der deutschen Öffentlichkeit gefunden, Unterstützungsbriefe und Dankadressen trafen ein, jedoch ohne Erfolg. Der Verfassungsbruch blieb erhalten und die Bestrafungen wurden umgesetzt. Im anschließenden Verfassungskampf, der bis vor die Deutsche Bundesversammlung gelangte, setzte sich schließlich König Ernst August durch, da sich am 5.9.1839 im Deutschen Bund keine Mehrheit für den Konstitutionalismus fand. Die Hoffnungen der Verfassungstreuen und Fortschrittlichen wurden bitter enttäuscht. Die Mehrheit des Volkes aber war schlicht an der Verfassungsfrage nicht besonders interessiert. Der Streit mit der liberalen Opposition im Lande verlief allmählich im Sande und die wenigen reformerischen Ansätze, wie sie sich etwa in den neuen Stadtverfassungen niederschlugen, blieben ohne weitere politische Bedeutung. Es blieb weiterhin ruhig im Lande, und selbst die Revolution von 1848 verlief für Hannover und Braunschweig ohne größere Erschütterungen und Aufstände. Die Folgen der Februarrevolution 1848 in Frankreich zeigten sich im März auch in Deutschland, als die Bevölkerung die sogenannten »Märzforderungen« aufgriff; Pressefreiheit; Schwurgerichte, konstitutionelle Rechte in den Einzelstaaten, Berufung eines deutschen Parlaments u.a. Der revolutionäre Charakter dieser Bewegung, die bald auf fast alle Gebiete des Deutschen Bundes ausgriff, war unverkennbar. Zunächst einigte man sich auf ein gemeinsames Rahmenprogramm und zur Einberufung eines »Vorparlaments« nach Frankfurt, das die Wahlen zu einem Nationalparlament vorbereiten sollte. Wichtig war ein Beschluß vom 10. März, einen Ausschuß von 17 »Männern des öffentlichen Vertrauens« zur Vorbereitung der Bundesreform nach Frankfurt zu berufen. Mit Albrecht, Dahlmann und Gervinus gehörten übrigens drei der »Göttinger Sieben« diesem wichtigen Siebzehnerausschuß an. Die revolutionären Ereignisse führten in den meisten deutschen Einzelstaaten zur Berufung neuer, liberaler Regierungen.

In Hannover organisierte nun auch König Ernst August vor diesem Hintergrund die Regierung neu. Den führenden Staats- und Kabinettsminister gab es nicht mehr. Ein neues Kabinett wurde ernannt unter Führung von Graf Alexander Lewin von Bennigsen (1809 – 1893), der zugleich Außenminister war. Mögliche Unruhen konnte der König schließlich auffangen, indem er den Führer der liberalen Opposition, Johann Carl Bertram Stüve (1798 – 1872), als Innenminister in das Märzministerium berief. Stüve gelang es, in den Jahren 1848 bis 1850 zahlreiche reformerische Maßnahmen durchzuführen oder vorzubereiten: weitgehende Aufhebung der Standesvorrechte, Fortfall der Zensur, Öffentlichkeit der Ständeverhandlungen sowie eine durchgreifende Verwaltungs- und Rechtsreform unter Trennung von Justiz und Verwaltung. Einführung von Schwurgerichten und eine neue Städteordnung usw.[142] Eine Bürgerversammlung in Göttingen beschloß am 28.3.1848 eine Petition zur Amnestie und Rückberufung der »Göttinger Sieben«. Allerdings kam es nicht zu einer förmlichen Rückberufung. Ewald und Weber waren aber dennoch seit 1848 bzw. 1849 wieder in Göttingen tätig.

Die Jahre nach dem Verfassungsbruch 1837 waren in Göttingen Jahre bürgerlich-behäbiger Behaglichkeit, in denen man weitgehend ungestört lebte. Die 1831 Inhaftierten wurden nach und nach begnadigt, der seit 1831 amtierende Magistratsdirektor Georg

Christoph Ernst Ebell (1786 – 1853) wurde 1843 anläßlich der Hochzeit des Kronprinzen Georg (1819 – 1878) mit der Prinzessin Marie von Sachsen-Altenburg (1818 – 1907) der Titel »Ober-Bürgermeister« huldvoll verliehen, über die Studenten häuften sich die Klagen wegen »Straßenunfugs« und 1850 verbreiteten sich Gerüchte einer Cholera-Epidemie in der Stadt. Göttingen war in diesen Jahren, in denen Carl Friedrich Gauß hier lebte und wirkte, eine kleine Ackerbürger- und Landstadt mit 11.229 Einwohnern und 1154 »Wohngebäuden«. Die Stadt lebte von und für ihre Universität, und sie erhoffte sich einen wirtschaftlichen Aufschwung von der Eisenbahn. Am 31.7.1854 wurde der Bahnhof eingeweiht und die Eisenbahnlinie eröffnet.

Ein erneuter Verfassungsbruch in Hannover 1855 durch Georg V. (1819 – 1878), der nach dem Tod seines Vaters am 19.11.1851 den Thron bestiegen hatte, fand zwar bei dem inzwischen wieder in Göttingen wirkenden Prof. Ewald öffentlich Widerspruch, jedoch ohne Resonanz. So konnte die Oberbehörde in Hildesheim melden, in Göttingen herrschten »Ruhe und Ordnung«. Gelegentliche Unmutskundgebungen in verschiedenen Städten wurden schnell unterbunden. Die Regierung ließ »erkennen, daß sie von allen Mitteln der Disziplinierung Gebrauch machen werde. Die Staatsbediensteten wurden nur noch nach dem Maßstab ihrer ›Treue zum König‹ eingestuft und befördert. Karl Georg Ludwig Wermuth, der schon unter König Ernst August stadthannoverscher Polizeidirektor gewesen war, überzog nun als Generalpolizeidirektor das ganze Land mit dem Netz seiner Geheimpolizei. Die Post unter dem Generalpostdirektor von Brandis wirkte bei der Bespitzelung mit.«[143]

Wohlverhalten der Staatsbediensteten, Ruhe in der Bürgerschaft und ein gottgewolltes absolutistisches Königshaus – so standen die politischen Verhältnisse

Georg V., König von Hannover (1819 – 1878), 1854.

im Königreich Hannover im Todesjahr von Carl Friedrich Gauß, der am 23.2.1855 in Göttingen verstarb.

Professor in Göttingen

Im Jahre 1807 erhielt Gauß – zu Besuch bei Olbers in Bremen – einen Ruf nach Göttingen als Professor der Astronomie und Direktor der Sternwarte. Er

Alte Sternwarte in Göttingen, in der Gauß bis 1816 tätig war, um 1800.

nahm diesen Ruf an und traf am 21.11.1807 in Göttingen ein. Nun war die Zeit vorbei, wo sich Gauß ausschließlich seinen Forschungen widmen konnte. Als Professor an der Universität mußte er gleichzeitig auch seinen Lehrverpflichtungen nachkommen. Gauß hatte noch am 26.10.1802 an Olbers geschrieben: »Gegen das Dociren habe ich einmal eine wahre Abneigung; das perennirende Geschäft eines Professors der Mathematik ist doch im Grunde nur, das ABC seiner Wissenschaft zu lehren; aus den wenigen Schülern, die einen Schritt weiter gehen ... werden die meisten nur Halbwisser ... Ich weiß keinen Professor, der wirklich viel für die Wissenschaft gethan hätte, als den grossen Tobias Mayer, und dieser galt zu seiner Zeit für einen schlechten Professor ... in unseren Tagen sind diejenigen, die das Beste für die Astronomie thun, nicht die besoldeten Universitätslehrer, sondern sogenannte Dilettanten, Aertzte, Juristen etc.«[144]

Aber nach dem Tode des Braunschweigischen Herzogs blieb Gauß keine andere Wahl; im Sommersemester 1808 hielt er in Göttingen seine erste Vorlesung. Sein Gehalt stieg nunmehr auf 1000 Taler jährlich. Bis zu seinem Lebensende 1855 blieb Gauß Professor der Astronomie und Direktor der Sternwarte in Göttingen. Ohne Unterbrechung hielt er dort bis zum Wintersemester 1854/55 Vorlesungen.

Obwohl die äußeren Umstände, die die Familie Gauß am Anfang in Göttingen vorfand, nicht gerade die besten waren, so blieb doch das Familienglück ungetrübt. Am 29.2.1808 bekam Joseph ein Schwesterchen, Wilhelmine (Minna), genannt nach ihrem Taufpaten Wilhelm Olbers, dem Entdecker des zweiten Planetoiden, der Pallas. Am 2.11.1808 schrieb Gauß an Bolyai: »Glücklich fliessen die Tage in dem einförmigen Gange des häuslichen Lebens hin: wenn das Mädchen einen neuen Zahn kriegt, oder der Junge ein Paar neue Wörter gelernt hat, so ist das fast ebenso wichtig, als wenn ein neuer Stern oder eine neue Wahrheit entdeckt ist.«[145] Am 10.9.1809 schließlich wurde das dritte Kind, wieder ein Sohn, geboren. Er erhielt seinen Namen nach dem Entdecker des dritten Planetoiden (Juno), Carl Ludwig Harding und wurde allgemein Louis genannt. Da brach jäh das Unglück herein. Johanna Gauß erholte sich nach der Geburt des kleinen Louis nicht mehr, sie starb am 11.10.1809.

Verzweifelt schrieb Gauß an Olbers: »Sie luden mich so freundlich ein, Sie zu besuchen, wenn meine Frau sich wohl befände. Jetzt befindet sie sich wohl. Gestern Abend um 8 Uhr habe ich ihr die Engelsaugen, in denen ich seit 5 Jahren einen Himmel fand, zugedrückt. Der Himmel gebe mir Kraft, diesen Schlag zu tragen. Erlauben Sie mir jetzt, theurer Olbers, bei Ihnen ein paar Wochen in den Armen der Freundschaft Kräfte für das Leben zu sammeln, das jetzt nur noch als meinen drei unmündigen Kindern gehörend Werth hat.«[146] Gauß verfaßte eine Totenklage, die ein ergreifendes Zeugnis menschlicher Verlassenheit und ein einzigartiges literarisches Dokument ist.[147] Am 1.3.1810 starb auch noch Louis, der seine Mutter das Leben gekostet hatte. Nun stand Gauß allein mit zwei kleinen Kindern. Dazu kamen noch finanzielle Sorgen. Auf Napoleons Befehl wurde eine Kriegskontribution ausgeschrieben; auf Gauß entfiel dabei eine Summe von 2000 Franken. Freundeshilfe wurde angeboten. Olbers wie auch der berühmte französische Mathematiker und Astronom Pierre Simon de Laplace (1749 – 1827) wollten den Betrag zur Verfügung stellen. Doch seinem Charakter gemäß lehnte Gauß ab. Da bekam er aus Frankfurt anonym 1000 Gulden überwiesen, die ihn schließlich von seinen finanziellen Schwierigkeiten befreiten. Der anonyme Spender war, wie heute bekannt ist, der Fürstprimas Karl von Dalberg (1744 – 1817).

Es kommt nicht selten vor, daß Männer, die sich in ihrer Ehe sehr glücklich gefühlt haben, nach dem Tod ihrer Frau, bedingt durch die daraus resultierende schmerzliche häusliche Vereinsamung, alsbald ein zweites Mal heiraten. Das tat auch Gauß. Am 4.8.1810 heiratete er, nach kurzer Verlobungszeit, Minna Waldeck (1788 – 1831), eine Freundin seiner ersten Frau. Minna stammte aus einer vermögenden und angesehenen Familie. Ihr Vater, Hofrat Johann Peter Waldeck (1751 – 1815), war Professor der Rechte in Göttingen. Während Johanna Gauß ein recht unkompliziertes und fröhliches Naturell gehabt hatte, war Minna eher empfindlich und leicht überschwänglich. Die während der Verlobungszeit aufgetretenen Schwierigkeiten konnten ausgeglichen werden, und so ist auch die zweite Ehe durchaus als glücklich zu bezeichnen. Dieser entstammen drei Kinder, Eugen, geboren am 29.7.1811 – für ihn stand erstmals kein Planetoidenentdecker Pate –, Wilhelm, geboren am 23.10.1813, benannt nach Wilhelm Ol-

Die neue Sternwarte in Göttingen vor dem Geismartor mit dem Magnetischen Observatorium, um 1835.

bers, dem Entdecker des vierten und letzten damals bekannten Planetoiden Vesta. Damit ging die Planetoidenära bei den Namen von Gauß' Kindern zu Ende. Am 9.6.1816 folgte noch die Tochter Therese.

Kurze Zeit nach der Geburt der Tochter, im Herbst 1816, war der Bau der Sternwarte in Göttingen vollendet. Dieser Neubau, der große Ähnlichkeit mit dem Seeberg bei Gotha aufweist, galt seinerzeit als einer der schönsten in Deutschland. Mit dem Bau hatte man bereits 1803 begonnen, allein während der Franzosen-Besetzung mußten alle königlichen Bauten eingestellt werden. Doch 1810 kam der Befehl der damals zuständigen Regierung des Königreichs Westphalen, den Bau fortzusetzen; für die nächsten fünf Jahre wurde eine Summe von insgesamt 200.000 Franken bereitgestellt. Endlich war es soweit, am 2.1.1817 konnte die Familie Gauß in die neue Wohnung in der Sternwarte einziehen.

Mit der Fertigstellung der Sternwarte hatte Gauß an die Beschaffung der nötigen Instrumente zu denken. Aus diesem Grund unternahm er bereits im April 1816 eine Reise nach München und Benediktbeuren – sie gilt als die weiteste Reise, die Gauß in seinem Leben unternommen hat. In München besuchte Gauß die optischen Werkstätten von Georg von Reichenbach (1772 – 1826) und Joseph von Utzschneider (1763 – 1840) und in Benediktbeuren das im ehemaligen Kloster eingerichtete optische Institut, das Joseph von Fraunhofer (1787 – 1826) unterstand. Die hier angefertigten Instrumente galten als die qualitativ besten. Die meisten großen astronomischen Entdeckungen der Folgezeit, die auf Beobachtungen basierten, wurden dank der erstklassigen Instrumente aus diesen Werkstätten erzielt, zum Beispiel die Parallaxenmessungen von Friedrich Wilhelm Bessel (1704 – 1846) und Otto Wilhelm von Struve (1819 – 1905), die Entdeckung des Planeten Neptun durch Johann Gottfried Galle (1812 – 1910). Gauß bestellte einen Meridiankreis, ein Passageninstrument und mehrere Uhren. 1818 wurde das Passageninstrument geliefert, 1819 der Meridiankreis; im November 1819 waren schließlich auch die Aufstellungsarbeiten beendet.[148]

Vermessungsarbeiten im Gelände

Kaum hatte Gauß die Arbeiten, die der Neubau der Göttinger Sternwarte bedingte, hinter sich gebracht, als er sich einem neuen Wirkungskreis zuwandte: der Geodäsie. War er bisher im wesentlichen durch theoretische Beiträge zu den Wissenschaften hervorgetreten, so sollte nun seine praktische Tätigkeit in den Vordergrund treten. Seine Liebe zur Geodäsie ging bis auf seine Jugendjahre zurück; seine ersten geodätischen Arbeiten stammen aus der Zeit, als er nach Beendigung seines Studiums wieder in Braunschweig lebte. Kurz nach der Promotion 1799 publizierte er seine erste, die Geodäsie betreffende Notiz.[149] Im gleichen Jahr begann er einen Schriftwechsel mit dem preußischen Oberstleutnant Carl Ludwig von Le Coq (1753 – 1829) über astronomisch-geodätische Fragen, die bei der Vermessung Westfalens entstanden waren. In den Jahren 1803 bis 1805 führte Gauß selbst Triangulationsmessungen durch; besondere Erwähnung verdient dabei die 1805 unter dem Obersten Epailly in Braunschweig ausgeführte französische Militärtriangulation, bei der Gauß die Handhabung der Instrumente und die geodätischen Verfahrensweisen gründlich kennenlernte. So war er bereits mit der Geodäsie vertraut, als 1808 Heinrich Christian Schumacher (1780 – 1850) nach Göttingen kam, um bei ihm eine praktische und theoretische astronomische Ausbildung zu erhalten, bei der auch die Geodäsie in die Studien mit einbezogen wurde. Zwischen Schumacher und Gauß bestand seit dieser Zeit eine intensive Freundschaft, die, als Schumacher Göttingen wieder verlassen hatte, in mehr als 1300 Briefen ihren Niederschlag fand. 1816 erhielt Schumacher – er war zu dieser Zeit Professor der Astronomie in Kopenhagen – vom dänischen König Friedrich VI. (1768 – 1839) den Auftrag, eine Gradmessung zwischen Skagen und Lauenburg auszuführen. Begeistert beglückwünschte Gauß Schumacher »zu der herrlichen großen Unternehmung«, die »über die Gestalt der Erde schöne Aufschlüsse geben« wird.[150] Daraufhin schlug Schumacher vor, die Messungen auf das sich an Dänemark anschließende Hannoversche Gebiet auszudehnen. Als nach dem Tode des geistig umnachteten Georg III. in Hannover König Georg IV. an die Regierung gelangte, erhielt Gauß am 9.5.1820 den Auftrag, die dänische Gradmessung durch das Königreich Hannover fortzusetzen. Ein besonderes Problem bei geodätischen Messungen stellt das Sichtbarmachen der Vermessungsdreiecke dar, das heißt die Erkundung der Dreieckspunkte im

Gelände. Gauß hatte sich schon seit längerer Zeit damit beschäftigt, als er noch vor Beginn der Messungen den entscheidenden Anstoß erhielt, der schließlich zu einer Lösung dieser Schwierigkeit führte. Im Gaußschen Beobachtungsjournal steht: »Hamburg schlecht zu sehen, das westliche von der Sonne beleuchtete Fenster geniert das Pointieren«; später fügte er hinzu: »N.B. Diese Erfahrung ist die erste Veranlassung zu der im Herbst 1820 gemachten Erfindung des Heliotrops gewesen.«[151]

Der Heliotrop ist ein Instrument, das aus der Verbindung eines Fernrohrs mit zwei kleinen, senkrecht aufeinanderstehenden Planspiegeln besteht. Mit Hilfe des Spiegelsystems läßt sich das Sonnenlicht an

Vizeheliotrop von Carl Friedrich Gauß, entstanden durch Umrüstung eines Sextanten »Throughton London 420«, 1821.

einen beliebigen, mehrere Kilometer weit entfernten Punkt schicken, mit dem Fernrohr kann man den vom reflektierten Sonnenlicht getroffenen Punkt ausmachen; von diesem Punkt aus erscheint das Heliotroplicht wie ein hell glänzender Stern. Der Heliotrop war Gauß' Lieblingserfindung. Noch heute sind Vermessungsinstrumente in Gebrauch, denen der Gaußsche Heliotrop als Konstruktionsprinzip zugrunde liegt.

1821 begannen für Gauß die praktischen Vermessungsarbeiten im Gelände, die sich bis 1825 hinzo-

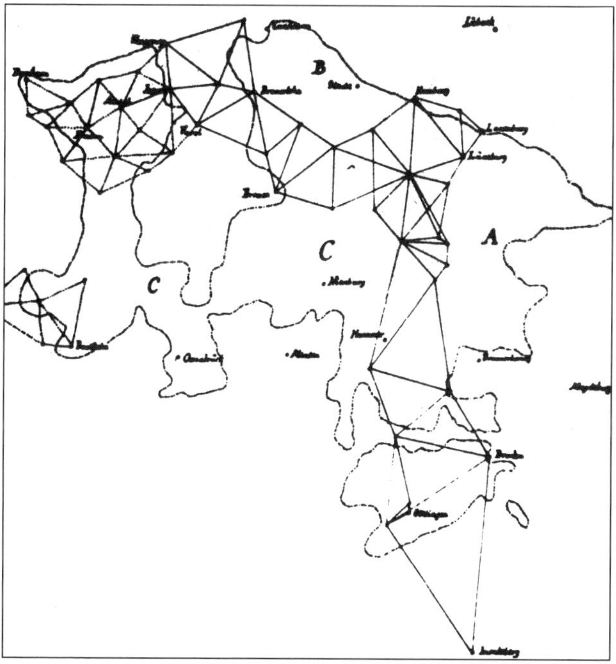

Nachdruck einer Handzeichnung von Gauß zur Triangulation des Königsreichs Hannover, 1885.

gen. Das war ein ungeheuer mühseliges Unternehmen, das Gauß viele Entbehrungen abverlangte und seiner Gesundheit schwer zu schaffen machte: Die Straßen waren oft schlecht, die Übernachtungsmöglichkeiten primitiv, Personal mußte angelernt werden, alles hing vom Wetter ab. In die Wälder hieß es manchmal, erst Beobachtungsschneisen zu schlagen, oft waren mehr als ein Dutzend Bäume zu fällen; es galt Kirchtürme zu erklimmen, Pfeiler und Signaltürme zu errichten usw. Es gibt unzählige Briefstellen, in denen Gauß schilderte, gegen welche Widerwärtigkeiten er zu kämpfen hatte. Die gewonnenen Meßdaten wertete Gauß dann abends aus, er selbst schätzte später, daß er in dieser Zeit mehr als eine Million Zahlen rechnerisch verarbeitet hatte. Unter diesen Verhältnissen legte Gauß 1821 bis 1823 eine Gradmessungskette vom Inselsberg über Göttingen nach Altona, 1824/25 vermaß er das nördliche Oldenburg sowie die Lüneburger Heide. Die Heide war bei den französischen Vermessungen ausgelassen worden, da es damals einfach als unmöglich galt, ein derart flaches, bewaldetes Gebiet zu vermessen. Gauß beendete 1825 seine Vermessungsarbeiten, vielleicht aus gesundheitlichen Gründen, vielleicht wegen des Unfalls, den er 1825 mit einem umgestürzten Wagen erlitten hatte, vielleicht auch, um endlich seine in der Praxis erworbenen, neuen Kenntnisse theoretisch ausarbeiten und die neuen Ideen verfolgen zu können.

Eine dieser neuen Ideen war die Untersuchung der Möglichkeit, wie man eine krumme Fläche auf einer Ebene oder Kugel abbilden kann, eine Fragestellung, die in das Gebiet der Differentialgeometrie fällt. Später erweiterte Gauß diesen Fall und untersuchte nun die Abbildung einer krummen Fläche auf eine beliebige andere krumme Fläche. Die Ergebnisse publizierte er 1828 in seinem differentialgeometrischen

Hauptwerk *Disquisitiones generales circa superficies curvas* (Allgemeine Untersuchungen über krumme Flächen). Die Ausarbeitung eines größeren Werkes über Geodäsie hatte sich Gauß zwar vorgenommen, aber nicht durchgeführt; es erschienen lediglich 1843 und 1846 zwei Abhandlungen mit dem Titel: *Untersuchungen über Gegenstände der höheren Geodäsie*.

Doch damit war die Vermessung des Königreichs Hannover keineswegs beendet. Am 25.3.1828 ordnete Georg IV. die weitere Triangulierung an, die bis 1844 dauerte. Gauß selbst nahm nicht mehr an den Vermessungsarbeiten im Gelände teil, dafür aber sein ältester Sohn Joseph, der inzwischen Soldat geworden war. Doch leitete Gauß noch das Vermessungsunternehmen und führte auch weiterhin die Berechnungen aus.

In den Zeitraum von 1821 bis 1825, in dem Gauß die Vermessungsarbeiten ausführte, fielen die Verhandlungen über eine Berufung nach Berlin. Schon früher, 1810, hatte Wilhelm von Humboldt (1767 – 1835) vergeblich versucht, Gauß nach Berlin zu holen, und auch diesmal scheiterten die Verhandlungen zwischen den Berliner Behörden und Gauß. Tatsächlich ist nie eine direkte Berufung ausgesprochen worden; Gauß wäre zu diesem Zeitpunkt eine Berufung nach Berlin schon im Interesse seiner Kinder nur angenehm gewesen. Durch die Berliner Angebote verbesserte sich jedoch Gauß' finanzielle Situation in Göttingen; sein Gehalt stieg auf 2500 Taler jährlich.

Vor allem Alexander von Humboldt, der 1827 von Paris nach Berlin gekommen war, um dort seinen Einfluß geltend zu machen, bedauerte es sehr, daß aus Gauß' Berufung nach Berlin nichts geworden war. Humboldt hatte Gauß bereits 1826 während einer Durchreise durch Göttingen kennen und schätzen

Alexander von Humboldt (1769 – 1859), um 1870.

gelernt. Obwohl Gauß und Humboldt von sehr unterschiedlichem Charakter waren, so verband sie doch mehr als sie trennte, und es gibt viele Zitate, die die Hochachtung und Wertschätzung, die Gauß und Alexander von Humboldt einander entgegenbrachten, bezeugen. Es war nur der Person Alexander von Humboldts zuzuschreiben, daß Gauß eine Einladung zur siebten Versammlung der Gesellschaft deutscher Naturforscher und Ärzte vom 18. bis 26.9.1828 in

Berlin annahm. Gauß war sogar während seines Aufenthaltes fast drei Wochen Humboldts Gast. Obwohl Humboldt Gauß anfangs als »gletscherartig kalt und unteilnehmend für fast alles« empfand, gelangten beide doch bald zu einem echten Verständnis füreinander, das schließlich die Grundlage für die jahrelange Zusammenarbeit auf geomagnetischem Gebiet schuf. Alexander von Humboldt sagte später, daß für ihn »Gauß' Zuneigung die größte Auszeichnung seines Lebens sei«.[152]

Abermals wurde Gauß von schweren Sorgen heimgesucht. Seine zweite Frau Minna kränkelte bereits seit 1818, sie litt wohl an Schwindsucht. Eine Kur in Bad Pyrmont (1820) und eine in Bad Ems (1824) konnten nicht mehr helfen. Jahrelang hielt ihre Krankheit sie ans Bett gefesselt. Dazu kam noch die Sorge um den Sohn Eugen, der in Göttingen ein allzu wildes Studentenleben genoß. Schulden waren die Folge. Vergebens versuchte Gauß, seinen Sohn für eine andere Lebensweise zu gewinnen. Wie verzweifelt Gauß damals war, zeigen die vielen hilfesuchenden Briefe, die er an seine Freunde Olbers, Gerling und Schumacher schrieb. Eugen wanderte 1830 im Alter von 19 Jahren nach Amerika aus. Von den Sorgen um den Sohn furchtbar gequält, starb schließlich am 12.9.1831 Minna Gauß; sie war erst 43 Jahre alt.

Zusammenarbeit mit Wilhelm Weber

Die angestrengte, mit eiserner Energie betriebene wissenschaftliche Arbeit ließ Gauß seinen Schmerz und seine Sorgen überwinden. Im September 1831 kam Wilhelm Eduard Weber als Professor der Physik nach Göttingen. Damit öffnete sich für Gauß abermals ein vollkommen neuer Wirkungskreis, eine neue schöpferische Schaffensperiode begann. Gauß hatte Wilhelm Eduard Weber während seines Auf-

Carl Friedrich Gauß (1777 – 1855) und Wilhelm Eduard Weber (1804 – 1891), um 1850.

enthalts in Berlin 1828 kennengelernt. Als 1830 in Göttingen durch den Tod von Tobias Mayer (dem Jüngeren, 1752 – 1830) der Lehrstuhl für Physik frei wurde, erfolgte auf Gauß' Betreiben Webers Berufung. Gauß, 27 Jahre älter als Weber, fühlte sich diesem als väterlicher Freund verbunden. »Es ist, als ob Gauß in dem jüngeren Freunde den gleichveranlagten Sohn gewonnen habe, der ihm zu seinem großen Kummer vorenthalten blieb«, schreibt dazu Karl Heinrich Wiederkehr.[153] Gauß und Weber arbeiteten in der Folgezeit gemeinsam an den Untersuchungen physikalischer Probleme. Hier ist allem voran die Erforschung des Erdmagnetismus zu nennen. Für den

Magnetismus hatte Gauß, wie viele Briefe zeigen, schon immer ein spezielles Interesse gezeigt. Weber brachte schließlich 1831 den Stein in dieser Richtung ins Rollen. Eine gewisse Bedeutung kam dabei auch der persönlichen Bekanntschaft zwischen Gauß und Alexander von Humboldt zu. Hatte doch dieser bereits viel früher eine weitverzweigte magnetische Arbeitsgemeinschaft ins Leben gerufen, deren Aufgabe es war, an festen Terminen in kurzen Zeitabständen erdmagnetische Messungen nach bestimmten Vorschriften durchzuführen. Außerdem hatte eben 1831 Michael Faraday (1791 – 1867) die elektromagnetische Induktion entdeckt, so daß das Thema Magnetismus an sich im Brennpunkt des Interesses stand. Zunächst führten Gauß und Weber die magnetischen Maßeinheiten auf die Grundmaßeinheiten Millimeter, Milligramm und Sekunde zurück. Am 15.12.1832 las Gauß in der Göttinger Akademie seine berühmte Abhandlung *Intensitas vis magneticae terrestris ad mensuram absolutam revocata* (Die Intensität der erdmagnetischen Kraft auf das absolute Maß zurückgeführt); Alexander von Humboldt übersetzte die Anzeige dieser Arbeit später ins Französische.

In dieser Zeit wurde in Göttingen ein magnetisches Observatorium erbaut. Ein magnetisches Observatorium zeichnet sich dadurch aus, daß alle Teile, die normalerweise aus Eisen bestehen, aus Kupfer sind. Am 21.11.1833 teilte Gauß in einem Brief an Olbers mit, daß das Magnetische Observatorium bis auf innere Einrichtungen vollendet sei. Mit einem Theodoliten, einer astronomischen Uhr und einem Magnetometer ausgerüstet, konnten nun die Messungen des Erdmagnetismus beginnen. Außer Gauß und Weber beobachteten noch sieben Hilfskräfte, darunter auch Gauß' jüngster Sohn Wilhelm. Die Göttinger Einrichtungen erweckten überall das größte Interesse und zogen viele auswärtige Besucher an; bald entstanden nach dem Vorbild Göttingens in vielen Ländern Europas magnetische Observatorien. Gauß schrieb am 11.11.1835 an Olbers: »Die Theilnahme an magnetischen Beobachtungen verbreitet sich immer mehr; es sind Apparate von hier nach Upsala, Freiberg, München und Wien gekommen. In Rußland wird bald bis Nertschinsk mit Magnetometern beobachtet werden. Dieser Tage zeigte mir auch Airy ... an, daß er die Absicht habe, bei Greenwich regelmäßig magnetische Beobachtungen zu machen ...«[154] Gauß und Weber erzielten zahlreiche neue Erkenntnisse und verbesserten laufend die Instrumente und Einrichtungen. So setzte Gauß 1835 anstelle der 44-stündigen magnetischen Termine, die Alexander von Humboldt eingeführt hatte, neue, dem Stand der Erfahrung angepaßte 24-stündige Termine mit modifizierten Meßvorschriften durch. Auch gründeten Gauß und Weber gemeinsam ein besonderes Publikationsorgan, die *Resultate aus den Beobachtungen des Magnetischen Vereins*; die sechs Bände, die insgesamt erschienen, enthalten außer der Mitteilung der Beobachtungswerte für die Jahre 1836 bis 1841 nicht weniger als 55 Abhandlungen, 15 davon von Gauß und 23 von Weber. Ferner entwickelten Gauß und Weber neue Instrumente, hier sind vor allem das Unifilar- und das Bifilarmagnetometer zu nennen, die erstmals am 29./30.7.1837 für Beobachtungszwecke verwendet wurden.

Bis zum Jahre 1838 war aus dem Göttinger Magnetischen Verein eine weltumspannende, wissenschaftliche Vereinigung geworden. Während eines Englandaufenthaltes Webers gelang es noch dazu John Frederick William Herschel (1792 – 1871), den Sohn des berühmten Astronomen Friedrich Wilhelm Herschel, für die Idee des Magnetischen Vereins zu begeistern; dadurch wurden nun auch in Übersee magnetische Observatorien gegründet. Die »Resultate« von 1840 melden nicht weniger als 36 über die ganze Erde verteilte Beobachtungsstationen.

Mit den magnetischen Messungen gingen Gauß' und Webers experimentelle Untersuchungen über galvanische Ströme, Elektromagnetismus, Induktion und Elektrodynamik Hand in Hand. So prüften sie 1832 noch einmal das Ohmsche Gesetz, das 1826 von Georg Simon Ohm (1789 – 1854) aufgestellt worden war, auf seine Gültigkeit in einem Stromkreis mit langen Leitungsdrähten. Bei derartigen Untersuchungen entwickelten Gauß und Weber als Nebenergebnis 1833 eine Telegraphieeinrichtung, die es erstmals gestattete, Signale auf elektrischem Wege über große Entfernungen zu übertragen. Dieser Anlage diente ein Galvanometer mit einem Magnetstab und Spiegelablesung als Empfänger. Die Stromquelle war eine mit Brunnenwasser gefüllte Voltazelle. Ein für damalige Verhältnisse recht schwieriges Problem stellte die Verlegung der zwei Kilometer

Die Universität Göttingen mit dem Physikalischen Kabinett in der Bildmitte, um 1835.

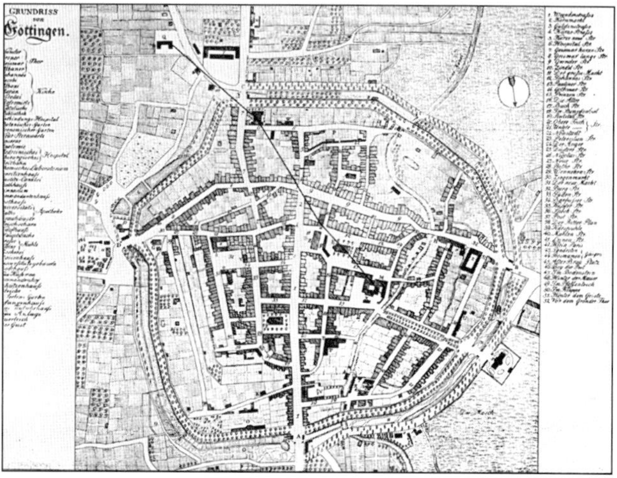

Stadtplan von Göttingen mit der nachträglich eingezeichneten Leitung des ersten elektromagnetischen Telegraphen zwischen Sternwarte und Physikalischem Kabinett, 1833.

elektrischen Leitungsdrähte dar. Weber war es, der die Montage der Doppelleitung aus blanken Drähten ausführte. Diese liefen vom physikalischen Kabinett in der Innenstadt Göttingens über die alte Bibliothek zum nordöstlichen Turm der Johanniskirche, dann hinunter über das Dach der Universitätsapotheke, über das Geismarer Tor zur Sternwarte. Im April 1833 war die Anlage funktionsfähig. Nachdem Gauß und Weber ein System entworfen hatten, das die Buchstaben des Alphabets einer bestimmten Reihenfolge von Stromsignalen zuordnete, konnte das erste Telegramm geschickt werden. Es soll gelautet haben: »Michelmann kommt«, Michelmann war der Universitätsmechaniker. Eine Gedenktafel an der Sternwarte mit der Inschrift »Erster elektrischer Telegraph, Gauß – Weber, Ostern 1833« erinnert noch heute an jenes denkwürdige Ereignis.

Die Größe der Stromstöße, die die Voltazelle erzeugte, variierte so stark, daß Gauß und Weber sie 1834 durch einen Induktor ersetzten. Auch war die erste Form des Telegraphen ziemlich träge und für eine rasche Zeichenvermittlung ungeeignet. Daher ging Gauß zu einer bifilaren Aufhängung des Magnetstabes über. Mit Hilfe dieses verbesserten Instrumentes konnte man bis zu neun Buchstaben in der Minute übertragen. Jahrelang blieb diese Anlage funktionsfähig, bis sie am 16.12.1845 durch einen Blitzschlag zerstört wurde. Gauß berichtete seinem Freund Schumacher: »Der auf dem Johannis-Thurm aufgefallene sehr starke Blitzschlag hat sich wahrscheinlich ganz auf diese Drähte vertheilt, sie alle zerstört, in theils grössere theils kleinere Stücke zerlegt ... Schaden ist gar nicht geschehen, ausser dass einer Dame von herabfallenden glühenden Drahtstücken ein Paar Löcher durch den Hut gebrannt sind.«[155]

Der Gauß-Webersche Telegraph erregte mächtiges Aufsehen, nicht nur in Göttingen, wo man die Leitungen sogar vor Augen hatte, sondern in ganz Deutschland und machte die beiden Erfinder sehr populär. Das war eine Errungenschaft, die auch den einfachen Bürger begeisterte. Darüber hinaus hatten Gauß und Weber bereits 1835 darauf hingewiesen, welche Bedeutung die elektromagnetische Telegraphie in Zukunft haben könnte, zum Beispiel für die Eisenbahn, usw.

Doch da wurde der so überaus fruchtbaren Zusammenarbeit zwischen Gauß und Weber ein jähes Ende bereitet. Während sich Weber auf einer Reise nach England befand, wurde er seines Amtes als Professor der Physik enthoben. Wilhelm Eduard Weber gehörte zu den »Göttinger Sieben«. Zwar gehörte Weber nicht zu den drei Professoren, die noch zusätzlich des Landes verwiesen wurden, aber er war nun in Göttin-

Telegraph von Gauß und Weber, Nachbildung im Besitz des Deutschen Museums in München.

gen ohne Anstellung ganz von der Hilfe seiner Freunde abhängig. Alle Bemühungen von Gauß, die die Wiedereinstellung Webers bewirken sollten, nützten nichts; auch Alexander von Humboldts Verhandlungen blieben erfolglos. So nahm Weber schließlich einen Ruf nach Leipzig an und verließ Göttingen 1843. An den *Resultaten aus den Beobachtungen des Magnetischen Vereins* hatte Weber noch bis zu seinem Weggang mitgearbeitet, der letzte Band für das Jahr 1841 erschien bereits in Leipzig 1843. Gleichzeitig hörte auch der Göttinger Magnetische Verein auf zu existieren. Das Erbe übernahmen die Engländer, die von Anfang an staatliche Unterstützung erhielten. Gauß empfand Webers Fortgang als einen »schmerzlichen, nie zu überwindenden Verlust« und verlor die Freude an der Fortsetzung der physikalischen Arbeiten.[156] Damit war Gauß' physikalische Schaffensperiode beendet.

Zu den »Göttinger Sieben« zählte auch Gauß' Schwiegersohn Heinrich Ewald, Professor der Orientalistik. Seit 1830 führte er mit Gauß' Tochter aus erster Ehe, Minna, eine überaus glückliche Ehe. Sowohl Minna als auch Ewald standen, wie die Briefe zeigen, Gauß sehr nahe. Ewald nahm eine Professur in Tübingen an und übersiedelte mit seiner Frau Minna dorthin. Am 13.5.1838 schrieb Gauß an Alexander von Humboldt: »Meine Tochter ist vorgestern mit Ewald nach Tübingen abgereist. Ich habe seinetwegen keine Verwendung irgendwie auch nur versucht, da es gegen meinc Handlungsweise ist, persönliche Rücksichten geltend zu machen. Göttingen wird seinen Verlust schwer empfinden. Unendlich schmerzlicher ist freilich mir die Trennung von meiner Tochter.«[157] Zwei Jahre später, am 12.8.1840, starb Minna Ewald, kinderlos – ein großer Schmerz für den Vater.

Späte Studien und Lebensabend

Wieder suchte Gauß nun neue Betätigungsfelder. Er schwankte zunächst, ob er sich der Botanik oder dem Erlernen einer neuen Sprache widmen sollte. Er entschied sich für die neue Sprache und begann 1838, im Alter von 61 Jahren, intensiv Russisch zu lernen. Am 17.8.1839 schrieb er darüber seinem Freund Schumacher: »Im Anfange des vorigen Frühjahrs hatte ich, Aneignung irgend einer neuen Fertigkeit als eine Art Verjüngung betrachtend, angefangen, mich mit der russischen Sprache zu beschäftigen (ich hatte früher es einmahl mit dem Sanskrit versucht dem ich aber keinen Geschmack abgewinnen konnte), und fand schon viel Interesse daran.«[158] Als der russische Astronom Ivan Michajlovič Simonov (1794 – 1855) aus Kasan Gauß vom 28.9. bis zum 30.9.1842 besuchte, berichtete er: »Jeden Tag unterhielt ich mich mit dem bedeutenden Gauß, und zwar nicht nur über die uns beschäftigenden wissenschaftlichen Dinge, sondern in nicht geringem Maße auch über die russische Literatur. Es ist erstaunlich, daß der hervorragende Mathematiker im siebenten Lebensjahrzehnt noch angefangen hat, russisch zu lernen, und es bis zum Verständnis von Dichtern und Schriftstellern brachte. Beim Lesen russischer Bücher studierte er die in ihnen vorkommenden Ausdrücke bis zur letzten Feinheit ...«[159] In Göttingen soll Gauß der einzige Mensch gewesen sein, der Russisch konnte, und von anderer Seite wurde seine korrekte Aussprache betont. Die Gauß-Bibliothek weist, wie heute bekannt ist, 75 Werke in russischer Sprache auf.

Neben seinen russischen Sprachstudien betrieb Gauß, vom Senat der Universität Göttingen dazu ersucht, die Reorganisation der Universitätswitwenkasse, die in Gefahr geraten war, illiquid zu werden. Auch dieser Tätigkeit widmete sich Gauß mit voller Intensität.[160] Schließlich verfaßte er eine Denkschrift, in der er auf die Prinzipien eingeht, die bei der Verwaltung einer derartigen Sterbekasse von Bedeutung sind. Mit Hilfe der Sterblichkeitsgesetze und der Wahrscheinlichkeitsrechnung stellte er das vorhandene Vermögen den zu erwartenden Verpflichtungen der Kasse gegenüber und berechnete Tafeln zur Bestimmung des Zeitwertes von einfachen Leibrenten.[161] Gauß führte seine Untersuchungen – wie bei ihm nicht anders denkbar – meisterhaft aus und leistete damit einen beispielhaften Beitrag zur Versicherungstechnik.

Da erschütterten die revolutionären Ereignisse von 1848 das Leben in Europa. Gauß schrieb darüber an seinen Freund Bolyai: »Das gewaltige politische und sociale Erdbeben, welches in immer weiterer Verbreitung fast alle europäischen Zustände umstürzt, hat bisher Dein Vaterland ... (Siebenbürgen) noch nicht berührt. Ich hege zwar das Vertrauen, dass am Ende erfreuliche Früchte daraus hervorgehen werden; aber die Übergangsperiode wird erst vielfache Bedrängnisse bringen, und ... kann lange dauern. In unserm Alter ist es immer zweifelhaft, ob wir das einst bevorstehende goldne Zeitalter erleben.«[162] Gauß verabscheute Gewalttaten; von konstitutionellen Regierungssystemen hielt er nichts. »Im hohen Alter«, schrieb der Gauß-Biograph und Zeitgenosse Wolfgang Sartorius von Waltershausen (1809 – 1876), »liebte er vor allen Dingen Ruhe und Frieden im Lande und der Gedanke, einen Bürgerkrieg in Deutschland ausbrechen zu sehen, war ihm gleichbedeutend mit dem Gedanken sich sogleich in das Grab zu legen«.[163]

Am 16.7.1849 feierte Gauß sein 50jähriges Doktorjubiläum, und mit ihm feierte die ganze Stadt Göttingen. Therese Gauß schilderte die Ereignisse dieses Tages in einem Brief an ihren Bruder Eugen[164]: Bereits am Morgen gratulierte eine Gesandtschaft von etwa fünfzig Personen, Delegierte der Stadt, der Universität und andere Honoratioren. Die Berliner Akademie hatte ihre beiden berühmten Mathematiker Carl Gustav Jacob Jacobi (1804 – 1851) und Lejeune Dirichlet (1805 – 1859) abgesandt, Hansen kam aus Gotha, Gerling aus Marburg. Anschließend ging Gauß zur Universität. Die Straßen in Göttingen waren mit Blumen geschmückt, ja sogar die Menschen hatten sich herausgeputzt wie an einem Feiertag (»es wogte von geputzten Menschen«). In der mit Blumen bekränzten Aula der Universität hielt Gauß einen wissenschaftlichen Vortrag, bei dem er seinen vierten und letzten Beweis des Fundamentalsatzes der Algebra vorstellte. War doch dieser Satz auch 1799 das Thema seiner Dissertation gewesen, ein Thema, das ihn nie mehr losgelassen hatte. 1815 und 1816 waren der zweite und der dritte Beweis gefolgt. Als

Foucaultsches Pendel von Gauß, 1853.

krönenden Abschluß seiner wissenschaftlichen Tätigkeit legte er nun seinen vierten Beweis vor; er ist seine letzte Publikation. Sie trägt den Titel *Beiträge zur Theorie der algebraischen Gleichungen*. Später am Tage fand ein großartiges Festmahl statt. Jacobi hatte den Ehrenplatz neben Gauß und hielt eine größere Rede.[165] Weiter folgten Trinksprüche, bei denen Gauß als Mathematiker, Astronom, Physiker, Lehrer und Mensch gewürdigt wurde. Gauß dankte und hielt selbst noch eine längere Rede »in seiner feinen und zugleich gemütlichen Weise auf eine allgemein ansprechende Art«, schrieb die *Allgemeine Zeitung*.[166] Zahllos sind die Ehrungen, die Gauß an diesem Tag zuteil wurden, so die Ehrenbürgerwürde der Städte Braunschweig und Göttingen.

Auch nach diesem feierlichen Ereignis nahm Gauß weiter am wissenschaftlichen Leben teil; er hielt Vorlesungen und führte in seiner Sternwarte astronomische Beobachtungen aus. Den inzwischen neu entdeckten Planetoiden schenkte er dabei besondere

Aufmerksamkeit. 1852/1853 ließ Gauß die Foucaultschen Pendelversuche wiederholen, mit denen Léon Foucault (1819 – 1868) in den Jahren 1850 und 1851 in Paris experimentell die Rotation der Erde nachgewiesen hatte; Gauß entwickelte 1853 noch Verbesserungen in der Versuchsanordnung.[167] Gleichzeitig besuchte er regelmäßig zwischen 11 und 13 Uhr das sog. »Literarische Museum«, in dem er in Zeitungen und Zeitschriften die neuesten Nachrichten aus Politik, Wirtschaft, Literatur und Wissenschaft studierte. Auch seinen umfangreichen Briefwechsel führte Gauß nach wie vor, wenn auch schon viele seiner Freunde gestorben waren (Olbers starb 1840, Bessel 1846, Schumacher 1850). Bemerkenswert ist eine Gratulation, die Gauß am 9.12.1853 an Alexander von Humboldt richtete: An diesem Tag nämlich hatte Humboldt – in Tagen ausgerechnet – genau das Alter des großen englischen Physikers und Mathematikers Isaac Newton (1642 – 1727) erreicht, den Gauß sehr verehrte.[168] Man schätzt heute, daß Gauß in seinem Leben mehr als 7000 Briefe geschrieben hat. Mit besonderem Interesse verfolgte Gauß auch den Bau der Eisenbahnlinie zwischen Kassel und Göttingen, die am 31.7.1854 eröffnet wurde.

Bei Gauß lebte damals nur noch seine jüngere Tochter Therese. Sie führte seit dem Tod ihrer Mutter den Haushalt und hatte auch Gauß' Mutter Dorothea bis zu deren Tod 1839 versorgt, die – seit 1817 bei ihrem Sohn wohnend – im Alter blind geworden war. Vater und Tochter hatten ein sehr inniges, fast zärtliches Verhältnis zueinander. Therese heiratete erst nach dem Tod ihres Vaters und starb kinderlos. Der älteste Sohn Joseph lebte schon seit langem nicht mehr bei seinem Vater, er war inzwischen Direktor bei der Leitung der hannoverschen Eisenbahn geworden, war verheiratet und bekam nach neun Jahren Ehe einen Sohn Carl. Dessen Sohn, Professor der

Friederica Wilhelmine Gauß, geb. Waldeck (1788 – 1831), Gauß' zweite Ehefrau.

Therese Gauß (1816 – 1864), Gauß' jüngere Tochter aus zweiter Ehe.

Gynäkologie in Würzburg, war einer der bedeutenden Nachkommen von Gauß in Deutschland. Auch mit seinem Sohn Eugen, der den Eltern früher so viel Kummer bereitet hatte und nach Amerika ausgewandert war, lebte Gauß nun, wie die Briefe zeigen, wieder im Einklang. Eugen gelangte in Amerika zu großem Ansehen und brachte es zu einem beträchtlichen Vermögen. Er wurde Mahl- und Sägemüller und war der Gründer und der erste Präsident der First National Bank; er war Gauß' intelligentestes Kind und hatte sowohl ein großes Sprachtalent als auch eine große mathematische Begabung. Auch der jüngste Sohn Wilhelm war, mit einer Nichte von Friedrich Wilhelm Bessel verheiratet, 1837 nach Amerika ausgewandert und lebte dort als Farmer und Schuhwarengroßhändler. Wie sein Bruder Eugen erwarb auch Wilhelm großen Reichtum und galt als einer der angesehensten Geschäftsleute in St. Louis. So leben heute die meisten von Gauß' Nachkommen – Eugen hatte sieben und Wilhelm acht Kinder – in den Vereinigten Staaten.[169]

Gauß hatte sich zeit seines Lebens einer sehr guten Gesundheit erfreut. Von der Medizin hielt er gar nichts; 1845 schrieb er an Schumacher: »Tobias Mayer hat von den Aerzten ungefähr eben so gedacht wie ich ...; die Aerzte hätten es viel klüger gemacht; ihre Wissenschaft sei nicht mehr werth als die Astrologie, aber sie hätten es besser verstanden, das Volk beim Glauben zu erhalten.«[170] Der Gebrauch von Medizin war Gauß bis 1851 völlig unbekannt. Doch dann begannen langsam die Beschwerden zuzunehmen, die auf eine Herzerweiterung schließen ließen. Bis zum Herbst 1854 war Gauß' Gesundheitszustand noch leidlich gut, doch dann schritten die Krankheitserscheinungen rasch fort. Bereits im Dezember 1854 erwartete man seinen Tod; nach einer kurzen Besserung starb Gauß am 23.2.1855 morgens um ein Uhr und fünf Minuten im Alter von 77 Jahren. Am 26. Februar wurde er in Göttingen auf dem St.-Albani-Friedhof zu Grabe getragen.

Noch im Todesjahr 1855 ließ der König von Hannover, Georg V., eine Gedenkmünze prägen mit der Aufschrift: Mathematicorum Princeps – Fürst der Mathematiker.

Georg V., König von Hannover. Medaille auf C. F. Gauß, dem Fürsten der Mathematiker, der ewigen Zier der Georg-August-Universität, 1855.

Carl Friedrich Gauß, Ölgemälde von Rudolph Wimmer im Ehrensaal des Deutschen Museums, München. Im November 1905 gestiftet durch Prinzregent Luitpold von Bayern.

Die wissenschaftlichen Leistungen

Will man die Leistungen eines Wissenschaftlers würdigen, so genügt es nicht, anzuführen, er habe dieses oder jenes entdeckt beziehungsweise erfunden. Kein genialer Gedanke kommt aus dem Nichts, und viele Faktoren sind es, die an seinem Zustandekommen beteiligt sind. So wie jede Geschichte ihre Vorgeschichte hat, so hat auch jeder Gedanke seine Vorläufer. Erst wenn man ihn unter die historische Lupe legt, kann man seine einzelnen Bestandteile erkennen und sich cin Bild von seiner wahren Größe machen.

Mathematik

Obwohl Gauß Professor der Astronomie war, hat er sich zeit seines Lebens als Mathematiker gefühlt. Die Mathematik war sein ureigenes Schaffensgebiet; es gibt kaum eine mathematische Disziplin, zu der er nicht hervorragende Beiträge geliefert hätte. Unter allen Naturwissenschaften schätzte Gauß die Mathematik am meisten. »Die Mathematik ist die Königin der Wissenschaften und die Arithmetik die Königin der Mathematik. Diese läßt sich dann öfter herab der Astronomie und andern Naturwissenschaften einen Dienst zu erweisen, doch gebührt ihr unter allen Verhältnissen der erste Rang«, so hat sich Gauß, wie Wolfgang Sartorius von Waltershausen berichtet, geäußert.[171] Was hier unter Arithmetik verstanden wird, bezeichnen wir heute als Zahlentheorie. Dieser Disziplin, die Gauß so überaus hoch schätzte, widmete er sein erstes großes Hauptwerk, seine *Disquisitiones arithmeticae*, die 1801 gedruckt vorlagen. Das Manuskript dazu war bereits 1798 so gut wie fertig, in dem Jahr also, in dem Adrien-Marie Legendres (1752 – 1833) *Essai sur la théorie des nombres* erschien. Gauß' zahlentheoretische Untersuchungen gehen bis auf die Studienzeit am Collegium Carolinum in Braunschweig zurück. Die schwierigen zahlentheoretischen Grundlagen konnte er sich nur im Selbststudium aus Büchern aneignen, aus so komplizierten Darstellungen wie die von Euler und de Lagrange.

Im ersten Abschnitt seiner *Disquisitiones arithmeticae* behandelt Gauß die Theorie der Kongruenzen. Das Rechnen mit Kongruenzen ist an und für sich schon sehr alt, es ist schon in China um 500 nach Christus geläufig und läßt sich durch alle Jahrhunderte hindurch verfolgen. Doch verwendete man die Kongruenzen, ohne sich Gedanken über den Begriff der Kongruenz zu machen; deshalb bürgerte sich auch keine einheitliche Bezeichnungsweise ein. Im Sinne der später in der Mathematik sprichwörtlich gewordenen Strenge (»Gaußsche Strenge«) stellt Gauß seiner Theorie eine saubere Definition voran: »Wenn eine Zahl a die Differenz zweier Zahlen b und c mißt, dann heißen b und c nach a kongruent ... a selbst heißt Modul« (§ 1), und in § 2 führt er die Bezeichnungsweise $a \equiv b \pmod{m}$ (in Worten: a und b sind kongruent modulo m) ein, die auch heute noch üblich ist. Das bedeutet, wenn man a und b durch m dividiert, dann bleibt jeweils derselbe Rest. Ein Beispiel:

$$3 \equiv 8 \pmod{5}, \text{ da } \frac{3}{5} = 0 \text{ Rest } 3 \text{ und } \frac{8}{5} = 1 \text{ Rest } 3.$$

Bei der Theorie der Kongruenzen fragt man, ähnlich wie bei Gleichungen, nach der Lösbarkeit von $f(x) \equiv a \pmod{m}$. So hat

$x \equiv 3 \pmod{5}$ Lösungen für $x = .. -2, 3, 8, 13, ..$

$x^2 \equiv 4 \pmod{5}$ Lösungen für $x = .. 2, 3, 7, 8, 12, 13, ..$ (quadratische Kongruenz);

$x^2 \equiv 3 \pmod{5}$ dagegen hat keine Lösung, da es keine Quadratzahl gibt, die, durch 5 dividiert, den Rest 3 läßt. Die Frage nach den quadratischen Resten eines Moduls m führte Gauß schließlich im § 131 zu seinem »theorema fundamentale«, dem, wie wir heute sagen, »Reziprozitätsgesetz der quadratischen Reste«. Dieses war erstmals 1783 von Leonhard Euler aufgestellt, aber nicht bewiesen worden. Adrien-Marie Legendre brachte 1785 einen ersten Beweis, der sich jedoch als mangelhaft erwies. 1798 lieferte Legendre in seinem oben genannten *Essai* zwar einen verbesserten Beweis, doch auch dieser war, wie Gauß 1801 zeigte, nicht einwandfrei. So blieb es Gauß vorbehalten, den ersten tadellosen Beweis zu geben. Diesen übernahm Legendre dann in seiner 2. Auflage seines *Essai* 1808. Das Reziprozitätsgesetz der quadratischen Reste nimmt in der ganzen Weiterentwicklung der Zahlentheorie eine zentrale Stellung ein, Gauß selbst bewies es in späteren Arbeiten noch mehrmals.

Im fünften Abschnitt seiner *Disquisitiones arithmeticae* untersucht Gauß die Theorie der quadratischen Formen, d.h. die Frage: unter welchen Bedingungen läßt sich eine Zahl Z als $Z = ax^2 + 2\,bxy + cy^2$ darstellen? Ein Spezialfall ist zum Beispiel: $z^2 = x^2 + y^2$, das sind die pythagoreischen Zahlentripel 5, 4, 3; 15, 12, 9; ... Im 7. und letzten Abschnitt der *Disquisitiones* geht Gauß auf die Theorie der Kreisteilungsgleichung $x^n = 1$ ein, auf der die Konstruierbarkeit des regelmäßigen 17-Ecks beruht und die Gauß bereits nach seiner spektakulären Entdeckung 1796 angekündigt hatte. Die Kreisteilungsgleichung liefert die Theorie der n-ten Einheitswurzeln, die auch das Problem, welche regelmäßigen n-Ecke mit Zirkel und Lineal konstruierbar sind, beinhaltet. In den §§ 365 und 366 der *Disquisitiones* beweist Gauß, daß die Teilung des Kreises in n gleiche Teile im Falle, daß n eine Primzahl p ist, nur dann möglich ist, wenn diese die Form $p = 2^{2^k} + 1$ hat.

Das ergibt für:

$k = 0$ die Primzahl $n = p = 3$
$k = 1$ die Primzahl $n = p = 5$
$k = 2$ die Primzahl $n = p = 17$
$k = 3$ die Primzahl $n = p = 257$
$k = 4$ die Primzahl $n = p = 65537$;

für $k = 5$ dagegen wird $n = 2^{2^5} + 1 = 641 \times 6700417$, das heißt keine Primzahl. Gauß hat also, genaugesagt, nicht nur die Konstruierbarkeit des regelmäßigen 17-Ecks, sondern darüber hinaus auch die des 257-, 65537-Ecks entdeckt. Damit war die Frage nach der Konstruierbarkeit der regelmäßigen n-Ecke, die jahrhundertelang ein geometrisches Problem zu sein schien, auf ein zahlentheoretisches Problem zurückgeführt und entsprechend mit den Mitteln der Zahlentheorie gelöst worden.

Während Gauß seine Zahlentheorie ausarbeitete, entwickelte er gleichzeitig die Methode der kleinsten Quadrate. Dieser liegt die Fragestellung zugrunde, welcher Wert einer unbekannten, zu messenden Größe, von der voneinander abweichende Meßergebnisse vorliegen, der wahrscheinlichste ist. Bereits im 18. Jahrhundert hatten sich viele Mathematiker und Astronomen um ein möglichst günstiges Verfahren zur Ausgleichung von Meßfehlern bemüht, Tobias Mayer, Euler, Johann Heinrich Lambert (1728 – 1777), Rudev Josip Boškovič (1711 – 1787), de Lagrange, de Laplace ... Noch 1799 empfahl de Laplace, die Absolutsumme der Fehler zu einem Minimum zu machen und die algebraische Summe gleich Null zu setzen. Dieses Verfahren hat jedoch den Nachteil, daß ein großer Fehler genauso stark ins Gewicht fällt wie eine größere Anzahl von kleineren. Diesem berechtigten Einwand begegnete Gauß dadurch, daß er statt dessen die Quadratsumme der Fehler zu einem Minimum machte. Seine Untersuchungen zu diesem Problem reichen, wie Briefe und Tagebuchnotizen zeigen[172], zurück bis in das Jahr 1794. Gauß schätzte jedoch sein neues Verfahren nicht allzu hoch; auch glaubte er anfangs irrtümlicherweise, daß schon Tobias Mayer mit der Methode der kleinsten Quadrate gerechnet habe. Erst 1809 publizierte er seine Ergebnisse in seinem astronomischen Hauptwerk *Theoria motus* ... So kommt Adrien-Marie Legendre, der dasselbe Verfahren bereits 1806 als Supplement zu seinen *Nouvelles méthodes pour la détermination des orbites des comètes* publiziert hatte, die Priorität hinsichtlich der Veröffentlichung zu. Gauß hat aber das Verdienst, die Methode der kleinsten Quadrate erstmals aus den Gesetzen der Wahrscheinlichkeitsrechnung hergeleitet zu haben. Dazu mußte er ein Fehlerverteilungsgesetz entwickeln, das die Wahrscheinlichkeit eines Fehlers jeweils mitberücksichtigt. Er fand, daß die Wahrscheinlichkeit eines Fehlers x proportional zu $e^{-h^2x^2}$ ist, so daß die Fehlerverteilungsfunktion $\varphi(x)$ durch folgenden Ausdruck

$$\varphi(x) = \frac{h}{\sqrt{\pi}} e^{-h^2x^2} \quad (h = \text{const.} = \text{Präzisionsmaß})$$

wiedergegeben wird (Gaußsches Fehlerverteilungsgesetz), dessen graphische Darstellung das Aussehen einer Glockenkurve hat. Später widmete Gauß diesem Gegenstand noch mehrere Abhandlungen[173], zumal 1812 die *Théorie analytique des probabilités* von de Laplace erschienen war. Gauß wandte die Methode der kleinsten Quadrate sowohl bei seinen astronomischen Rechnungen, besonders im Jahre 1801, als auch bei seinen geodätischen Rechnungen mit großem Erfolg in der Praxis an.

In seiner Dissertation 1799 bewies Gauß erstmals den Fundamentalsatz der Algebra, der besagt, daß eine Gleichung n-ten Grades genau n Lösungen besitzt. Er hatte diesen Beweis 1797 entdeckt.

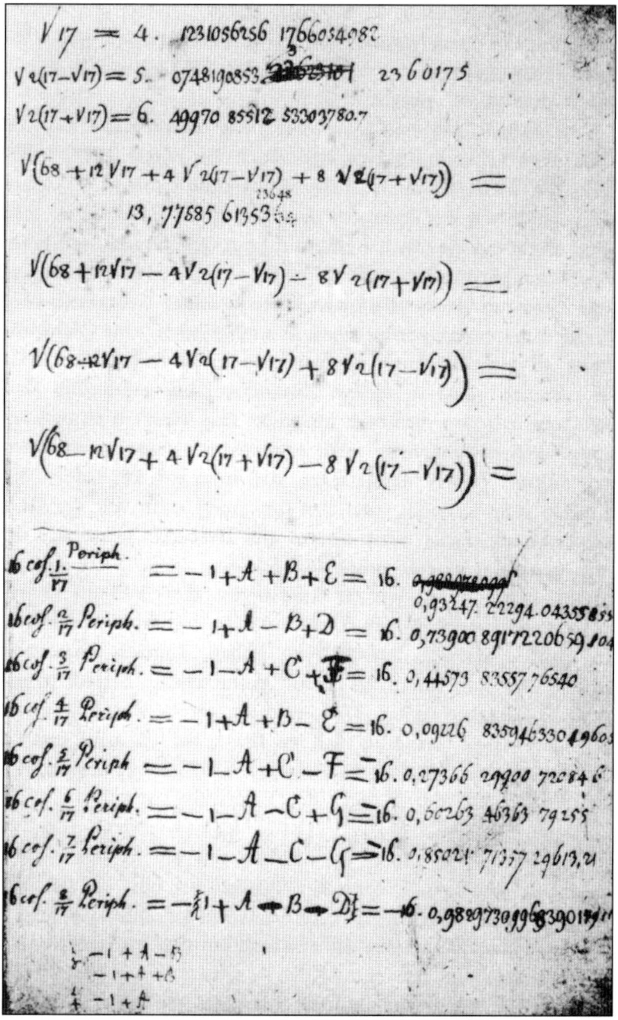

Notizen von Gauß im 2. Band der Logarithmentafel von Johann Carl Schulze (Zahlenwerte für das regelmäßige 17-Eck).

Der Gedanke, daß eine Gleichung *n*-ten Grades nicht mehr als *n* Lösungen haben kann, ist relativ alt; Peter Roth (gest. 1617) publizierte ihn 1608 in seiner *Arithmetica philosophica*. Albert Girard (1595 – 1632) war der erste, der den Satz scharf formulierte: Jede Gleichung *n*-ten Grades hat genau *n* Lösungen. Einen Beweis für seine Behauptungen brachte Girard nicht; er gab nur Erläuterungen. René Descartes (1596 – 1650) schwächte in seiner *Géométrie* 1637 Girards Behauptung wieder etwas ab und erklärte, eine Gleichung könne so viele Lösungen haben, wie die unbekannte Größe Dimensionen habe. In diesem Zusammenhang gebrauchte Descartes erstmals den Ausdruck imaginär: Die Wurzeln einer Gleichung seien nicht immer reell, sondern manchmal »seulement imaginaires«. Er will damit sagen, daß man sich bei jeder Gleichung so viele Wurzeln vorstellen kann (imaginer), wie der Grad der Gleichung angibt. Nach Girard und Descartes setzte sich die Auffassung durch, daß sich jede Gleichung in so viele Linearfaktoren zerlegen läßt, wie ihr Grad angibt; diese können sowohl reell als auch imaginär sein. Das Verdienst, den Fundamentalsatz der Algebra erstmals bewiesen zu haben, kommt d'Alembert 1746 zu; er zog allerdings dafür geometrische Betrachtungen heran. Zwei Jahre später, 1748, erschien der Beweis Eulers, der dazu aber selbst bemerkt, daß er ihn nicht in aller Strenge durchgeführt habe. Daviet de Foncenex (1734 – 1799) 1759 und de Lagrange 1772 versuchten, die Mängel des Eulerschen Beweises zu beheben.

Gauß beginnt in seiner Dissertation mit einem historischen Exkurs, in dem er alle diese Beweise anführt und sie auf ihre Fehler hin durcharbeitet. Man muß sich die Situation vorstellen: Gauß war damals 22 Jahre alt und übte an den größten Mathematikern der damaligen Zeit Kritik! In seinem ersten Beweis verwendet Gauß noch nicht die komplexen Zahlen. Sicher ist dieser Gaußsche Beweis, gemessen an den Beweisen seiner Vorgänger, der vollständigste, doch weist auch er noch eine schwache Stelle auf: Gauß nimmt als gegeben an, daß die geometrische Stetigkeit auf die arithmetischen Größen übertragbar ist. Diese Lücke schließt 1817 Bernhard Bolzano (1781 – 1848). Gauß' zweitem Beweis des Fundamentalsatzes 1815 liegt der Eulersche Beweis zugrunde; Gauß vermeidet darin alle Rückgriffe auf die Geometrie. Der dritte Beweis von 1816 ist funktionentheoretischer Natur; im vierten Beweis von 1849, der sich eng an den ersten anschließt, verwendet Gauß zusätzlich die komplexen Zahlen.

Bereits 1799, in seinem ersten Beweis des Fundamentalsatzes, bemerkte Gauß in § 3, daß er sich die Einführung wie auch die Auseinandersetzung mit den imaginären Größen für eine andere Gelegenheit vorbehalten wolle. Diese Gelegenheit ließ in der Tat sehr lange auf sich warten, erst 1831 publizierte Gauß seine wesentlichen Gedanken zu den komplexen Zahlen. Die komplexen Zahlen traten bereits im 16. Jahrhundert bei der Lösung quadratischer Gleichungen auf. Geronimo Cardano (1508 – 1576) bemerkte 1545 in seiner *Ars magna*, daß für das Gleichungssystem $x + y = 10$, $xy = 40$ die Ausdrücke $x, y = 5 \pm \sqrt{-15}$ Lösungen darstellen; er nannte diese Ausdrücke »sophistisch«, weil er sie in keine Theorie einordnen konnte. Ähnliches gilt für Cardanos Zeitgenossen Rafael Bombelli (1525 – 1572), der in systematischer Reihenfolge die Rechenregeln für die komplexen Zahlen angab; sein Fachwort »di meno« entspricht unserem »i«. Noch für Gottfried Wilhelm Leibniz (1646 – 1716) waren die komplexen Zahlen ein »Amphibium zwischen Sein und Nichtsein«. Dies zeigt deutlich, daß man sich über das Wesen der komplexen Zahlen einfach nicht im klaren war. Daran änderte sich auch nichts, als Euler, der den Buchstaben i für $\sqrt{-1}$ eingeführt hat, formal auch komplexe Veränderliche behandelte, als er den Zusammenhang zwischen den Kreisfunktionen und der Exponentialfunktion begründete. Was noch fehlte, war eine Theorie der komplexen Zahlen, ein Nachweis für ihre reale Existenz und damit ihre Berechtigung. Dies geschieht zum Beispiel durch die geometrische Interpretation der komplexen Zahlen.

Vielleicht war Gauß schon 1797, als er den Fundamentalsatz bewies, die Idee einer geometrischen Darstellung der komplexen Zahlen gekommen. Als er sie 1831 publizierte, war sie eigentlich schon nicht mehr neu. Inzwischen hatte nämlich 1799 der dänische Geodät Caspar Wessel (1745 – 1818) denselben Gedanken publiziert. Doch blieb seine Arbeit fast 100 Jahre lang so gut wie unbekannt. Auch Jean Robert Argand (1768 – 1822) gelangte 1806 zu ähnlichen Ergebnissen. Gauß beginnt seine Theorie der komplexen Zahlen 1831 in seiner *Theorie der biquadratischen Reste* mit der Feststellung (§ 30): »Solche Zahlen ($a + bi$, $i = \sqrt{-1}$, $-\infty < a,b < +\infty$) werden wir ganz komplexe Zahlen nennen, freilich so, daß die realen Zahlen nicht den Gegensatz zu den komplexen bilden, sondern daß man sie gleichsam als eine Unterart, die in diesen enthalten ist, auffaßt.« Gauß führte hier erstmals die Bezeichnungsweise »komplexe Zahl« für $a + bi$ ein, und zwar folgendermaßen: »Im Gegenteil ist die Arithmetik der complexen Zahlen der anschaulichsten Versinnlichung fähig ... So wie die absoluten ganzen Zahlen durch eine in einer geraden Linie unter gleichen Entfernungen geordnete Reihe von Punkten dargestellt werden, in der der Anfangspunkt die Zahl 0, der nächste die Zahl 1 usw. vertritt; und so wie dann zur Darstellung der negativen Zahlen nur eine unbegrenzte Verlängerung dieser Reihe auf der entgegengesetzten Seite des Anfangspunkts erforderlich ist: so bedarf es zur Darstellung der complexen ganzen Zahlen nur des Zusatzes, daß jene Reihe als in einer bestimmten unbegrenzten Ebene befindlich angesehen, und parallel mit ihr auf beiden Seiten eine unbeschränkte Anzahl ähnlicher Reihen in gleichen Abständen von einander angenommen werde, so daß jene Reihe als in einer bestimmten unbegrenzten Ebene befindlich angesehen, und parallel mit ihr auf beiden Seiten eine unbeschränkte Anzahl ähnlicher Reihen in gleichen Abständen von einander angenommen werde, so daß wir anstatt einer Reihe von Punkten ein System von Punkten vor uns haben, die sich auf eine zweifache Art in Reihen von Reihen ordnen lassen, und zur Bildung einer Eintheilung der ganzen Ebene in lauter gleiche Quadrate dienen.«[174] Dies ist die Erklärung der nach ihm benannten komplexen Zahlenebene, der sogenannten Gaußschen Zahlenebene, die die Grundlage für die Funktionentheorie darstellt.

Für die Geometrie zeigte der junge Gauß nur wenig Interesse; dies sollte sich erst später entwickeln.[175] So verwundert es nicht, daß das Jugendwerk keine geometrischen Arbeiten enthält. Das heißt nun aber nicht, daß sich Gauß damals überhaupt nicht mit geometrischen Problemstellungen auseinandergesetzt hätte. So hat er sich schon während seines Studiums in Göttingen gemeinsam mit seinem Freund Wolfgang Bolyai Gedanken über die Grundlagen der Geometrie gemacht.[176]

Schon in der Antike haben die Griechen den Grundlagen der Geometrie besondere Aufmerksamkeit geschenkt. Ein Werk, dem auf diesem Gebiet fundamentale Bedeutung zukommt, sind die *Elemente* des Euklid (um 300 v.Chr.). An den Anfang des Werkes stellt Euklid Definitionen; so definiert er Punkt, gerade Linie und Kreis. Dann folgen fünf Postulate, von denen zum Beispiel das erste besagt, daß es möglich sei, eine gerade Linie von einem beliebigen Punkt aus zu einem anderen beliebigen Punkt zu ziehen. Während die Postulate 1 – 4 niemals Zweifel aufwarfen, traf das für das 5. Postulat nicht zu. Dieses lautet: »Und daß, wenn eine gerade Linie beim Schnitt mit zwei geraden Linien bewirkt, daß immer auf derselben Seite entstehende Winkel zusammen kleiner als zwei rechte werden, dann treffen sich die zwei geraden Linien bei Verlängerung ins Unendliche auf der Seite, auf der die Winkel liegen, die zusammen kleiner als zwei rechte sind.« Daraus folgt, daß es zu einer Geraden durch einen außerhalb liegenden Punkt genau eine Parallele gibt (Parallelenpostulat). In der Folgezeit fehlte es nicht an Versuchen, dieses 5. Postulat aus den anderen 4 Postulaten abzuleiten; doch alle derartigen Beweise haben den Fehler, daß ihnen an irgendeiner Stelle eine andere unbewiesene Annahme zugrunde liegt. So blieb das Problem, ob das Parallelenpostulat beweisbar oder ein (unabhängiges) Axiom ist, ungelöst. Im 18. Jahrhundert kam man insofern einen Schritt weiter, als man erkannte, daß das Parallelenpostulat austauschbar ist, das heißt durch ein äquivalentes Postulat ersetzt werden kann. Zu dieser Erkenntnis gelangte 1733 Giovanni Saccheri (1667 – 1753), indem er zeigte, daß das Parallelenpostulat äquivalent ist zu der Aussage, die Winkelsumme im Dreieck sei gleich zwei rechten Winkeln. Ähnliche Gedanken äußerte auch Lambert; sein Ausgangspunkt ist ein Viereck, bei dem drei Winkel als rechte vorausgesetzt werden. Lambert stellte fest, 1., daß die Aussage, auch der vierte Winkel sei ein rechter, äquivalent ist mit dem euklidischen Postulat, 2., daß die Annahme, der vierte Winkel sei stumpf, einer Geometrie auf der Kugel entspräche und 3., daß die Annahme, der vierte Winkel sei spitz, einer Geometrie auf einer imaginären Kugel gleichkäme. Lambert meinte darüber hinaus, daß auch eine Geometrie, die nicht dem euklidischen Parallelpostulat genüge, wahr sein könne. Ersetzt man also das Parallelenpostulat durch ein anderes Postulat, so entsteht eine ganz neue, andere Geometrie. Diesem entgegen stand die Auffassung Immanuel Kants (1724 – 1804), daß der Raum nur Form unserer Anschauung sei. Welche Bedeutung man noch im 18. Jahrhundert diesen Fragen zumaß, zeigt die Flut von Veröffentlichungen, die nach 1780 zu diesem Thema einsetzte.

Die Frage nach der Wahrheit der Geometrie ist auch der Ausgangspunkt für Gauß. Doch kommt er mit seinen Gedanken zunächst nicht weiter, was zum Beispiel ein Brief an Wolfgang Bolyai 1799 zeigt.[177] Und noch 1813 schrieb Gauß an Schumacher: »In der Theorie der Parallellinien sind wir jetzt noch nicht weiter als Euklid war. Diess ist die partie honteuse der Mathematik, die früh oder spät eine ganz andere Gestalt bekommen muß.«[178] Das zähe gedankliche Ringen um die Wahrheit in der Geometrie führte erst 1816 zum Erfolg. Gauß hatte sich nun zur Gewißheit durchgekämpft, daß sich das Parallelenpostulat nicht beweisen läßt. Damit stehen die nichteuklidischen Geometrien gleichberechtigt neben der euklidischen Geometrie, und erst Erfahrungen und Experimente können darüber entscheiden, welche Geometrie die Struktur des Raumes ausmacht.

Gauß publizierte aber seine Gedanken nicht; er teilte sie lediglich seinen Freunden in Briefen mit. Vielleicht erschienen ihm auch seine Ideen als zu kühn für eine Veröffentlichung. 1829 schrieb Gauß an Bessel: »Inzwischen werde ich wohl noch lange nicht dazu kommen, meine sehr ausgedehnten Untersuchungen darüber zur öffentlichen Bekanntmachung auszuarbeiten, und vielleicht wird diess auch bei meinen Lebzeiten nie geschehen, da ich das Geschrei der Boeoter scheue, wenn ich meine Ansicht ganz aussprechen wollte.«[179]

Der erste, der äquivalente Gedanken bezüglich der nichteuklidischen Geometrie veröffentlichte, war der in Kasan wirkende russische Mathematiker Nikolaj Iwanowitsch Lobačevskij. Seine erste Publikation *Über die Anfangsgründe der Geometrie* 1829 im Kasaner Boten blieb unbemerkt; erst spätere Veröffentlichungen lenkten die Aufmerksamkeit auf seine Untersuchungen. Gauß hatte diese um 1841 kennengelernt. Die Leistungen Lobačevskijs voll anerkennend, betrieb Gauß, daß Lobačevskij 1842 Mitglied der Göttinger Akademie wurde.

Doch auch Wolfgang Bolyais Sohn Johann (János, 1802 – 1860) war, angeregt durch die Diskussionen mit seinem Vater über die Grundlagen der Geometrie, bereits 1823 zu ähnlichen Ergebnissen gelangt wie Gauß. 1831 erschienen diese als Anhang zu einem Lehrbuch seines Vaters. Gauß, dem aus freundschaftlicher Verbundenheit ein Exemplar zugesandt worden war, schrieb darüber an Wolfgang Bolyai: »Wenn ich damit anfange ›dass ich solche nicht loben darf‹: so wirst Du wohl einen Augenblick stutzen: aber ich kann nicht anders; sie loben hiesse mich selbst loben: denn der ganze Inhalt der Schrift, der Weg, den Dein Sohn eingeschlagen hat, und die Resultate zu denen er geführt ist, kommen fast durchgehends mit meinen eigenen, zum Theile schon seit 30 – 35 Jahren angestellten Meditationen überein. In der That bin ich dadurch auf das Äußerste überrascht.«[180] Lobend und anerkennend erwähnte Gauß Johann Bolyai in vielen seiner Briefe an seine Freunde; er bezeichnete ihn sogar als »ein Genie erster Größe«[181], allein eine öffentliche Anerkennung ließ er ihm nicht zuteil werden. Mit Recht empfand daher Johann Bolyai Gauß' Verhalten als eine große Enttäuschung und Kränkung[182]. So ist die Entdeckung der nichteuklidischen Geometrie das Verdienst dreier Mathematiker, die, unabhängig voneinander, nur in geringem zeitlichem Abstand, zu denselben Ergebnissen gelangt waren: Gauß, Lobačevskij und Johann Bolyai.

Nun, da die nichteuklidische Geometrie gleichberechtigt neben der euklidischen stand, wenigstens was Gauß' Gedanken nach 1816 betrifft, galt es, durch Experimente die wahre Struktur des Raumes aufzuklären. Sicherlich hat diese Überlegung eine Rolle gespielt, als sich Gauß entschloß, an den geodätischen Vermessungen des Königreichs Hannover teilzunehmen. Angeregt durch diese Tätigkeit gelangen Gauß abermals die schönsten Ergebnisse, die diesmal in das Gebiet der Differentialgeometrie fallen; er publizierte sie 1828 in seinem differentialgeometrischen Hauptwerk *Disquisitiones generales circa superficies curvas*.

Hier führt Gauß eine neue Definition des Krümmungsmaßes einer Fläche ein. Euler war 1767 der erste, dem eine sinnvolle Definition der Krümmung einer Fläche gelang. Eulers Grundgedanke ist, durch einen festen Flächenpunkt verschiedene ebene Schnitte zu legen, die auf der Fläche Schnittkurven erzeugen; nun betrachtet er die Krümmung der einzelnen Schnittkurven und bestimmt daraus das Maß der Krümmung in dem festen Punkt. Eine Fläche, für die dieses Krümmungsmaß sinnvoll ist, muß ein starres Gebilde sein, zum Beispiel die Oberfläche eines Körpers.

Gauß jedoch geht von einer Neukonzeption des Begriffs der Fläche aus. Für ihn ist eine Fläche nicht mehr eine Oberfläche, das heißt die Grenze eines starren Körpers, sondern die Fläche selbst ist ein Körper, dessen eine Dimension verschwindend klein ist; zusätzlich hat man sich diese Fläche als biegsam, aber nicht als dehnbar vorzustellen. Von diesem Standpunkt her sind zum Beispiel eine Ebene, eine

Kegelfläche und eine Zylinderfläche gleichwertig, da man sie durch Biegungen ineinander überführen kann, ohne daß dabei Dehnungen auftreten. Für diese biegsamen Flächen ist ein neuer Krümmungsbegriff notwendig, denn nun sind ja nur noch die Krümmungen einer Fläche interessant, die auch bei Biegungen nicht geändert werden. Gauß entwickelt demgemäß ein Krümmungsmaß, das dieser Anforderung gerecht wird, ein biegungsvariantes Krümmungsmaß (Gaußsches Krümmungsmaß). Definitionsgemäß kann dieses neue Krümmungsmaß nur noch von den inneren Eigenschaften der Fläche selbst abhängen; der Raum, in dem die Fläche zwar noch eingebettet liegt, kann dabei keine Rolle mehr spielen. Ein besonderes Interesse verdienen die Flächen, deren Krümmungsmaß konstant ist. Auf diesen nämlich kann man ein Flächenstück, das dasselbe Krümmungsmaß hat, beliebig herumschieben, ohne Dehnungen und ohne Zerrungen (freie Beweglichkeit). Das gilt zum Beispiel für die Kugel, die ein positives konstantes Krümmungsmaß hat. Das gilt aber genauso für die Flächen mit konstantem negativem Krümmungsmaß, das ist die Rotationsfläche der Traktrix. Gauß hat, wie aus einer Notiz in seinem Nachlaß hervorgeht, die Fläche mit konstantem negativem Krümmungsmaß konsequenterweise als »Gegenstück der Kugel«[183] bezeichnet, wir sagen heute Pseudosphäre.

Mit seinen Begriffen leitete Gauß eine neue Epoche in der Differentialgeometrie ein. Seine *Disquisitiones generales* stehen am Anfang einer Entwicklung, die ihren krönenden Abschluß durch Georg Friedrich Bernhard Riemann (1826 – 1866) erfuhr, der wiederum den Gaußschen Flächenbegriff durch den modernen Mannigfaltigkeitsbegriff ersetzte. Für Gauß lagen die Flächen noch im Raum eingebettet, auch wenn dieser Raum für die inneren Eigenschaften der Flächen keine Rolle mehr spielte. Riemann dagegen definiert eine Fläche (eigentlich eine zweidimensionale Mannigfaltigkeit) durch ihre inneren Eigenschaften; durch diese Definition wird der die Fläche umgebende Raum für diese bedeutungslos. Gauß hat diese Erweiterung seiner Gedanken noch erlebt; in seiner Anwesenheit hielt Riemann am 10.6.1854 in Göttingen seinen Habilitationsvortrag *Ueber die Hypothesen, welche der Geometrie zu Grunde liegen*. Richard Dedekind (1831 – 1916) berichtet über dieses für Gauß so denkwürdige Ereignis: »Gauss hatte gegen das übliche Herkommen von den drei vorgeschlagenen Thematen ‹B. Riemanns› nicht das erste, sondern das dritte gewählt, weil er begierig war zu hören, wie ein so schwieriger Gegenstand von einem so jungen Manne behandelt werden würde; nun setzte ihn die Vorlesung, welche alle seine Erwartungen übertraf, in das größte Erstaunen, und auf dem Rückwege aus der Facultäts-Sitzung sprach er sich gegen Wilhelm Eduard Weber mit höchster Anerkennung und mit einer bei ihm seltenen Erregung über die Tiefe der von Riemann vorgetragenen Gedanken aus.«[184]

Gauß beschäftigte sich noch mit einer großen Zahl anderer Fragen aus der Mathematik: mit Topologie (»Geometria situs« = Geometrie der Lage), Funktionentheorie, Statistik usw., auf die hier nicht weiter eingegangen werden kann.

Carl Friedrich Gauß auf der Terrasse der Göttinger Sternwarte, um 1850.

Astronomie

Nachdem dank der Gaußschen Berechnungen noch im Jahre 1801 die Ceres wiederentdeckt werden konnte, rückte Gauß auch unter den Astronomen seiner Zeit in die erste Reihe. Um verstehen zu können, warum diesem Tatbestand damals eine solche Bedeutung zugemessen wurde, ist es nötig, etwas weiter zurück in die Geschichte zu blicken.

Seit Menschengedenken sind die fünf Planeten Merkur, Venus, Mars, Jupiter und Saturn bekannt; zeitweise rechnete man auch die Sonne oder den Erdmond zu den Planeten. Im 16. und 17. Jahrhundert setzte sich das copernicanische Weltsystem langsam durch, nach dem auch der Erde nur ein Platz unter den Planeten zukommt. So glaubte man nun, daß die Planeten in der Reihenfolge Merkur, Venus, Erde, Mars, Jupiter und Saturn die Sonne umkreisen. Merkur ist der sonnennächste, Saturn der von der Sonne am weitesten entfernte Planet. Schwierig ist es nun, numerische Werte für die Abstände der einzelnen

Planeten von der Sonne anzugeben. Doch hier leistete das dritte Keplersche Gesetz, das Johannes Kepler erstmals in seiner *Epitome* 1618 bis 1621 publiziert hatte, hervorragende Dienste:

$$\left(\frac{P_1}{P_2}\right)^2 = \left(\frac{a_1}{a_2}\right)^3 \text{ mit } \begin{cases} P = \text{(siderische) Umlaufzeit des Planeten} \\ a = \text{mittlerer Abstand des Planeten von der Sonne} \end{cases}$$

Dieses Gesetz liefert eine direkte Beziehung zwischen Planetenabständen und Umlaufperioden der Planeten, und diese konnte man relativ leicht messen. Damit war es nun möglich, die Abstände der einzelnen Planeten von der Sonne wenigstens grob abzuschätzen. Auffallend war, daß zwischen Mars und Jupiter eine unverhältnismäßig große Lücke klaffte. Und so äußerte bereits 1761 Johann Heinrich Lambert in seinen *Cosmologischen Briefen über den Weltbau* folgenden Verdacht: »Und wer weiß es, ob nicht schon Planeten mangeln, die aus dem weiten Raum, der zwischen Mars und Jupiter ist, hinweg gekommen sind«. Immanuel Kant vertrat die Meinung, dieser Planet existiere nicht mehr für sich, sondern sei bereits vom Jupiter einverleibt worden.

Diese Planetenabstände veranlaßten ihrerseits die Astronomen, nach einem mathematischen Gesetz zu suchen, das den Abständen zugrunde liegt. Ein solches stellten schließlich 1772 Johann Elert Bode, der die Berliner Akademiesternwarte leitete, und Johann Daniel Titius (1729 – 1796), der in Wittenberg wirkte, auf. Sie fanden eine geometrische Folge $A = 0{,}4 + 0{,}3 \times 2^n$ (astronomische Einheiten) (Titius-Bodesche Beziehung), die für $n = -1, 0, 1, 2, 4, 5$ die Planetenabstände hinreichend gut wiedergibt:

		Abstand nach der Titius-Bodeschen Beziehung	wahrer Wert [astron. Einheiten]
Merkur	$n = -1$	$0{,}4 + 0{,}3 \times 2^{-1} = 0{,}5$	0,5
Venus	$n = 0$	$0{,}4 + 0{,}3 \times 2^{0} = 0{,}7$	0,7
Erde	$n = 1$	$0{,}4 + 0{,}3 \times 2^{1} = 1{,}0$	1,0
Mars	$n = 2$	$0{,}4 + 0{,}3 \times 2^{2} = 1{,}6$	1,5
Jupiter	$n = 4$	$0{,}4 + 0{,}3 \times 2^{4} = 5{,}2$	5,2
Saturn	$n = 5$	$0{,}4 + 0{,}3 \times 2^{5} = 10{,}0$	9,5

Da entdeckte am 13.3.1781 Friedrich Wilhelm Herschel mit einem selbstgebauten Spiegelteleskop noch einen weiteren Planeten unseres Sonnensystems jenseits des Saturn, den Uranus. Und tatsächlich, auch für diesen Planeten paßte die Titius-Bodesche Beziehung. Für $n = 6$ ergibt sich ein Wert $A = 0{,}4 + 0{,}3 \times 2^{6} = 19{,}6$ (astron. Einheiten), der dem gemessenen Abstand von 19,6 astronomischen Einheiten genau entsprach.

Nach diesem Erfolg lag nun nichts näher, als zu fragen, was denn mit dem Wert $n = 3$ der Titius-Bodeschen Beziehung los sei, zumal man ja wußte, daß zwischen Mars ($n = 2$) und Jupiter ($n = 4$) eine große Lücke klaffte. Bereits Bode selbst vermutete 1772, daß sich vielleicht in dieser Lücke ein Planet befände, der bis dahin noch nicht aufgefunden worden sei. Während Bode sich nur vage ausdrückte, berechnete der Astronom Franz Xaver von Zach gleich die Entfernung dieses vermuteten Planeten nach der Titius-Bodeschen Beziehung und bestimmte seine Umlaufperiode nach dem dritten Keplerschen Gesetz. 1785 hinterlegte von Zach diese Daten bei seinen Kollegen. Doch nicht genug damit; 1787 nahm von Zach von der Gothaer Sternwarte aus eine neue Revision des Sternhimmels vor, um den vermuteten Planeten aufzusuchen. Von Zachs damalige Suche blieb erfolglos. Am 21.9.1800 gründete er daher eine geschlossene Gesellschaft, die 24 Astronomen in ganz Europa als Mitglieder hatte; das Ziel der Gesellschaft war es, systematisch nach diesem zwischen Mars und Jupiter vermuteten Planeten zu suchen. »Durch eine solche streng organisirte, in 24 Departements aufgetheilte Himmels-Polizey hofften wir endlich, diesen unsern Blicken sich so lange entzogenen Planeten ... auf die Spuhr zu kommen.«[185]

Gleichzeitig gab es aber auch Zweifler, die nichts davon hielten, nur wegen einer Lücke in einer geometrischen Folge nach einem neuen Planeten im Sonnensystem zu suchen. Ein solcher Zweifler war Wilhelm Georg Friedrich Hegel (1770 – 1831). Er versuchte aufgrund seiner Weltanschauung in seiner 1801 in Jena publizierten *Dissertatio philosophica De orbitis Planetarum* (Philosophische Dissertation über die Planetenbahnen) mit philosophischen Mitteln zu beweisen, warum es überhaupt nur sieben Planeten geben könne; den Uranus hatte er offensichtlich schon mitberücksichtigt.

Als sich die Lage derart zugespitzt hatte, kam zu Beginn des Jahres 1801 die Nachricht Giuseppe Piazzis aus Palermo, er habe einen neuen Himmelskörper entdeckt. Leider währte die Freude nicht sehr lange, und der neue Himmelskörper war wieder verschwunden. Piazzi konnte nur vermuten, daß es sich dabei um einen neuen Planeten handelte; es konnte aber genauso gut auch ein Komet sein, denn die Beobachtungsdaten genügten nicht, um entscheiden zu können, ob die Bahn des neuen Himmelskörpers parabolisch oder elliptisch war. Noch im Juli 1801 schrieb daher von Zach in seiner *Monatlichen Correspondenz*: »Für einen Planeten hält wol dieses Piazzische Gestirn *kein* Astronom.«[186]

Giuseppe Piazzi (1746 – 1826), der Entdecker des Planetoiden Ceres, 1808.

Gauß erfuhr von Piazzis Entdeckungen aus der *Monatlichen Correspondenz*; das Septemberheft von 1801 enthielt auch die Piazzischen Beobachtungsdaten. Es stellte sich Gauß nun die Aufgabe, allein aus wenigen Beobachtungen eine noch völlig unbekannte Planetenbahn zu bestimmen. Ein solches Problem war bis dahin in der Astronomie nur ein einziges Mal aufgetreten, und zwar bei der Entdeckung des Uranus. Bei diesem genügte es freilich in erster Näherung, die Bahn als kreisförmig anzunehmen, da seine Bahnexzentrizität nur sehr klein ist. Der Liebhaberastronom Wilhelm Olbers, der ebenfalls die Bahnberechnungen des neuen Himmelskörpers aufnahm, versuchte anfangs, eine elliptische Bahn zugrunde zu legen. Doch fälschlicherweise ging er von der Voraussetzung aus, daß der neue »Planet« zur Zeit seiner Beobachtung nicht weit vom Perihel (Sonnennähe) oder vom Aphel (sonnenfernster Punkt der Bahn eines Planeten) entfernt gestanden habe. Nach seinem Mißerfolg empfahl Olbers, es doch wieder mit einer Kreisbahn zu versuchen. Wie wir heute wissen, wirkt sich diese Annahme bei den Planetoiden ganz besonders schlecht aus, da ihre Bahnen eine vergleichsweise hohe Bahnexzentrizität aufweisen.

Gauß befand sich also bei seinen Berechnungen auf ganz neuen Wegen; niemand vor ihm hatte jemals eine solche Aufgabe gelöst. Er legte seinen Berechnungen eine Ellipsenbahn zugrunde, die von jeder willkürlichen Voraussetzung frei war. Ferner verwandte er für die näherungsweise Bahnberechnung seine bereits viel früher entdeckte Methode der kleinsten Quadrate; diese ermöglichte es ihm, aus einer gegebenen Reihe von Beobachtungen das wahrscheinlichste Resultat abzuleiten. Das führte schließlich zu einem großartigen Erfolg. Der neue Himmelskörper, die Ceres, wurde um die Jahreswende 1801/02 wiedergefunden. Durch Gauß' Berechnungen war nun erstmals eindeutig nachgewiesen, daß die Ceres ein Planet ist. Auch hatte sie einen Abstand von der Sonne, der relativ gut von der Titius-Bodeschen Beziehung für $n = 3$ wiedergegeben wird. Damit war die Lücke zwischen Mars und Jupiter endlich ausgefüllt.

Bald, genaugesagt bereits am 23.3.1802, stellte sich heraus, daß es zwischen Mars und Jupiter nicht nur einen Planeten gibt: Wilhelm Olbers entdeckte die Pallas. Wie heute bekannt ist, besteht der Planetoidengürtel zwischen Mars und Jupiter aus mehr als 2000 einzelnen Objekten unterschiedlicher Größe. Ein Teil dieser Planetoiden fand man zu Gauß' Lebzeiten. Das hatte zur Folge, daß man bei jedem neu aufgefundenen Planetoiden wieder auf Gauß und sein Berechnungsverfahren zurückgreifen mußte, das er schließlich in seinem astronomischen Hauptwerk, der *Theoria motus* 1809 ausführlich darlegte.

Hegels These, daß es nur sieben Planeten geben könne, war damit, kaum war sie veröffentlicht, schon widerlegt; doch gehörte sie damals zum allgemeinen Gesprächsstoff. Von Zach bezeichnete sie als »literarischen Vandalismus« von Leuten, »die erst lernen sollten ehe sie lehren« und betonte, daß die Newtonsche Physik »noch immer die glänzendsten Entdeckungen im Weltsystem« veranlasse, während die Philosophie Hegels »nicht nur nicht die geringste Entdeckung hervorgebracht, sondern sie sogar verhindert haben würde«.[187] Als Hegels Arbeiten einschließlich der Dissertation in seinen gesammelten Werken nochmals herausgegeben wurden, schrieb Schumacher 1842 an Gauß: »Dass Hegel's Verehrer die famöse Doctor Dissertation in seinen Werken wieder haben abdrucken lassen zeigt wenig Pietät. Unter Noahs Söhnen war

Franz Xaver Freiherr von Zach (1754 – 1832).

doch einer der die Schaam seines Vaters bedeckte, aber die Hegelianer rissen den Mantel noch weg, den die Zeit und Vergessenheit schon mitleidig über die Schande ihres Meisters geworfen hatten.« Im Antwortbrief sprach Gauß von »Hegels insania in der fraglichen Dissertation«.[188]

Doch Gauß' Beiträge zur Astronomie beschränken sich nicht nur auf Planetenberechnungen. Einen relativ großen Umfang nehmen die störungstheoretischen Arbeiten ein; allein die Störungsrechnungen für die Pallas umfassen weit mehr als hundert Seiten. Nicht zu übergehen sind die Untersuchungen zur praktischen Astronomie. Gauß führte sein Leben lang selbst astronomische Beobachtungen aus; im Briefwechsel mit seinen Freunden ging es nur allzu oft um den Austausch von Meßdaten und Koordinaten von Planetoiden und Kometen. Ferner beschäftigte sich Gauß ausgiebig mit der Verbesserung der astronomischen Instrumente; zum Beispiel berichtete er in vielen Briefen über seine Versuche mit den Fadenkreuzen seiner Teleskope usw. Außerdem berechnete er eine ganze Reihe von astronomischen Hilfstafeln: 1808 *Allgemeine Tafeln für Aberration und Nutation*, 1811 *Tafeln für die Mittagsverbesserung*, 1812 *Tafeln für die Sonnen-Coordinaten*, 1822 *Refractionstafeln*.[189] Selbst mit einem chronologischen Problem setzte sich Gauß auseinander. Hierzu angeregt wurde er durch den Umstand, daß seine Mutter sein Geburtsdatum nicht in Zahlen wußte, sondern nur angeben konnte, daß ihr Sohn 8 Tage vor Himmelfahrt auf die Welt gekommen sei. Das Datum, auf das Himmelfahrt fällt, hängt vom Osterfest ab, und dieses wiederum fällt auf keinen festen Tag im Jahr. Mit zahlentheoretischen Mitteln entwickelte Gauß ein Verfahren zur Bestimmung des christlichen Osterfestes (publiziert 1800 und 1807) sowie zur Bestimmung des jüdischen Osterfestes (publiziert

1802).[190] Damit bewies er wieder einmal, daß man mit rein mathematischen Methoden zu Ergebnissen auf Gebieten gelangen kann, wo man es nie für möglich gehalten hätte.

Geodäsie

Bereits in jungen Jahren zeigte Gauß eine Vorliebe für die Geodäsie, zu der er über die Astronomie kam. 1802 schrieb er an Olbers: »Der feinste Geometer und der vollendete Astronom – das sind zwei Titel, die ich von ganzem Herzen einzeln hoch schätze und denen ich mit leidenschaftlicher Wärme huldige, wenn sie vereint sind.«[191] Schon sehr früh bestand der Vorsatz, selbst an Erdvermessungen teilzunehmen, wie ein Brief vom 8.4.1803 an Olbers bezeugt: »Ich habe den Plan, einst das ganze Land mit einem Dreiecksnetz zu beziehen, wozu meine jetzigen Messungen nur eine Vorübung sind.«[192] Es herrschte damals allgemein ein sehr großes Interesse für die Erdvermessung. Ein Grund dafür lag darin, daß man den Stand der Kenntnisse über die Gestalt der Erde durchaus nicht als befriedigend empfand.

Eine neue Epoche begann in der Geschichte der Geodäsie, als man erstmals Triangulationen heranzog. Dieses Verfahren, bereits 1533 von Rainer Gemma Frisius (1508 – 1555) vorgeschlagen, verwandte erstmals 1615 der Niederländer Willebrord Snel van Rojen (Snellius, 1580 – 1626) bei der Vermessung der 130 Kilometer langen Strecke zwischen Alkmaar und Bergen-op-Zoom. Snels Methode machte bald Schule, und man kann ihn deshalb geradezu als Vater der Triangulation bezeichnen. 1617 publizierte er seine Ergebnisse, der Titel *Eratosthenes batavus* verweist auf die berühmte Meridianvermessung des Eratosthenes (um 295/280 – um 202 v. Chr.). Im Jahre 1673 hatte eine französische Expedition nach Cayenne festgestellt, daß dort, in Äquatornähe, die Länge eines Sekundenpendels nur 990 Millimeter beträgt, während in Paris dafür ein Wert von 994 Millimeter gemessen worden war. Isaac Newton zog aus dieser Beobachtung den Schluß, daß die Gravitationskraft am Äquator kleiner sei als an den Polen, das heißt, daß die Erde abgeplattet sein müsse. Dagegen vertrat 1713 der französische Gelehrte Jacques Cassini (1677 – 1756) die Meinung, daß die Erde an den Polen zugespitzt sei. Er kam zu dieser Überzeugung, nachdem vorher ausgeführte französische Meridianvermessungen das Ergebnis geliefert hatten, daß die Grade auf dem Erdmeridian im Norden kürzer sind als im Süden. Auch die 1733/34 in Frankreich ausgeführten Messungen schienen Cassinis Standpunkt recht zu geben. Damit stand nun Meinung gegen Meinung. Um die Sachlage endgültig aufklären zu können, war es nötig, sowohl Messungen, die wesentlich weiter nördlich in Polnähe, als auch Messungen, die weiter südlich in Äquatornähe lagen, heranzuziehen. Daher bevollmächtigte Ludwig XV. von Frankreich (1710 -1774) die Akademie der Wissenschaften, zwei Expeditionen auszurüsten, eine nach Lappland 1736 bis 1737 und eine nach Peru (in das Gebiet des heutigen Ecuador) 1735 bis 1741. Die Auswertung der Messungen bestätigte 1744 Newtons Theorie und ergab als Erdfigur ein Umdrehungsellipsoid mit einer Meridianellipse, deren halbe Polachse b (kleine Halbachse) um etwa 0,3 % kürzer ist als die halbe Äquatorachse a (große Halbachse). Das entspricht einem Abplattungswert von $^1/_{334}$, der mit den damaligen Pendelbeobachtungen und astronomischen Ergebnissen ganz gut übereinstimmte.

Im Zuge der Reform des Maß- und Gewichtssystems in Frankreich wurde 1791 der Meter als der zehnmillionste Teil des Erdmeridianquadranten definiert. Aus diesem Grunde wurde abermals eine Gradmessung ausgeführt, die damals als die größte galt, nämlich von Dünkirchen bis Formentera (~ 12°. 22,2'). An dem Unternehmen, das von 1792 bis 1798 dauerte, nahmen so berühmte Wissenschaftler wie Pierre François Méchain, Jean-Baptiste Biot (1774 – 1862) und Dominique François Jean Arago (1786 – 1853) teil. Aus diesen Messungen errechnete de Lalande den wesentlich größeren Abplattungswert von $^{1}/_{150}$.[193] Ferner ergab der Vergleich der bis dahin erzielten Ergebnisse, daß die Meridiane untereinander nicht gleich lang sind, das hcißt, daß die Erde keineswegs von der regelmäßigen Gestalt eines Rotationsellipsoides ist. Diese Tatsache war der Ausgangspunkt für alle späteren Messungen. Es galt nun, durch möglichst genaue Messungen an möglichst vielen Stellen der Erde weitere Aufschlüsse zu erzielen. So verwundert es nicht, daß Ende des 18. Jahrhunderts die Frage nach der Gestalt der Erde allgemein im Blickpunkt des Interesses der Wissenschaftler stand. Auch Gauß betrachtete, wie viele seiner Briefe zeigen, seine geodätische Tätigkeit unter dem Gesichtspunkt, mit Hilfe der Vermessung des Königreichs Hannover einen Beitrag zur Erforschung der Erdfigur zu leisten.

In der ersten Hälfte des 19. Jahrhunderts wurden an vielen Stellen in Europa mit großem Aufwand Landvermessungen vorgenommen, so in Schweden, England, den Niederlanden, in Westfalen, Hessen, Bayern, Österreich usw. 1816 begann Heinrich Christian Schumacher mit der Vermessung Dänemarks und gleichzeitig fing auch Wilhelm Struve (1793 – 1864) mit der Vermessung der russischen Ostseeprovinz in Livland an. Gauß betrachtete die Vermessung des Königreichs Hannover niemals isoliert.

1819 schrieb er in einem Bericht: »Isolirte Gradmessungen in Europa, die nur einen kleinen Umfang umfassen, könnten jetzt, nach den grossen Arbeiten in Frankreich und England, nur einen sehr untergeordneten Werth haben: wogegen noch eine oder ein Paar andere ähnliche Messungen in Europa, von einer bedeutenden Ausdehnung, gewiss für die Kenntnis der Gestalt der Erde ungemein wichtig sein würden.«[194] Einerseits schwebte Gauß die Vermessung eines großen mitteleuropäischen Meridianbogens von Dänemark bis zur Insel Elba (~ 16°) vor, andererseits ging es ihm auch wesentlich um den Anschluß an andere bereits bestehende Vermessungen im Norden, Osten, Süden und Westen. Er nahm damit den Gedanken einer europäischen Gradmessung um mehrere Jahrzehnte vorweg.

Nach Beendigung der Vermessungsarbeiten im Gelände begann Gauß 1825 mit der wissenschaftlichen Auswertung seiner Ergebnisse. Die hohe Qualität der Resultate der Gaußschen Messungen wurde nur dadurch möglich, daß er seine Meßdaten mit Hilfe der Methode der kleinsten Quadrate ausglich und verbesserte. 1828 publizierte er in seiner Arbeit *Bestimmung des Breitenunterschiedes zwischen den Sternwarten von Göttingen und Altona*[195] seine Ergebnisse bezüglich der Gestalt der Erde. Hier behandelt er auch die Lotabweichung, die durch unregelmäßige Massenverteilung in der Erde hervorgerufen wird und besonders bei Bergen eine Rolle spielt. Bereits 1823 hatte er in einem Brief an Schumacher geschrieben: (die Lotabweichung) »gibt ... einen für mich entscheidenden Beweis des unregelmäßigen Fortschreitens der Richtung der Schwere, ohne daß wir dafür einen Grund in der sichtbaren Oberfläche der Erde nachweisen können.«[196] War doch noch 1804 Méchain, der an der großen französischen Gradmessung zur Festlegung des Metermaßes mitgearbeitet hatte, aus Verzweiflung über die geodätischen und astronomischen Meßabweichungen gestorben! Er kannte die Interpretation durch die unregelmäßige Massenverteilung in der Erde noch nicht und hielt die Lotabweichung demzufolge für Beobachtungs- und Meßfehler.

Die Figur der Erde definiert Gauß folgendermaßen: »Was wir im geometrischen Sinn Oberfläche der Erde nennen, ist nichts anderes als diejenige Fläche, welche überall die Richtung der Schwere senkrecht schneidet, und von der die Oberfläche des Weltmeers einen Theil ausmacht. Die Richtung der Schwere an jedem Punkte wird aber durch die Gestalt des festen Theils der Erde und seine ungleiche Dichtigkeit bestimmt, und an der äussern Rinde der Erde, von der allein wir etwas wissen, zeigt sich diese Gestalt und Dichtigkeit als höchst unregelmäßig; die Unregelmässigkeit der Dichtigkeit mag sich leicht noch ziemlich tief unter die äussere Rinde erstrecken, und entzieht sich ganz unsern Berechnungen, zu welchen fast alle Data fehlen. Die geometrische Oberfläche ist das Product der Gesammtwirkung dieser ungleich vertheilten Elemente, und anstatt vorkommende unzweideutige Beweise der Unregelmässigkeit befremdend zu finden, scheint es eher zu bewundern, dass sie nicht noch grösser ist ... Bei dieser Lage der Sache hindert aber noch nichts, die Erde im Ganzen als ein elliptisches Revolutionssphäroid zu betrachten, von dem die wirkliche (geometrische) Oberfläche überall bald in stärkern, bald in schwächern, bald in kürzern, bald in längern Undulationen abweicht.«[197] Diese Fassung der Gestalt der Erde gilt auch heute noch in den wesentlichen Grundzügen und kann als erste moderne Definition angesehen werden. Die Ellipsoidkonstanten der Erde bestimmte Gauß nicht selbst, sondern überließ diese Aufgabe einem seiner Mitarbeiter. Dieser berechnete aus sieben von Gauß für zuverlässig gehaltenen Gradmessungen nach einem neuen Verfahren den

Wert $\frac{1}{298,39}$ für die Erdabplattung[198], der erstaunlich gut ist.

Ebenso bedeutungsvoll wie Gauß' Beiträge zur Bestimmung der Erdgestalt sind seine Beiträge zur Beobachtungspraxis. Vor allem seine Erfindung des Heliotropen ist hier zu nennen. Diesen konnte man nicht nur zur Ortsbestimmung bei der Vermessung von Dreieckspunkten, sondern ebenso bei einer geeigneten Zeichensprache als optischen Telegraphen benützen. In diesem Zusammenhang ist in einer Anzeige *Über den Heliotrop* 1821 von der »sich von selbst darbietenden Aussicht zu dem künftigen vielleicht noch wichtigeren Gebrauch eines den Raum so kräftig durchdringenden Mittels zu telegraphischen Signalisirungen in Krieg und Frieden«[199] die Rede. Diese Methode, auf optischem Weg wirkungsvoll

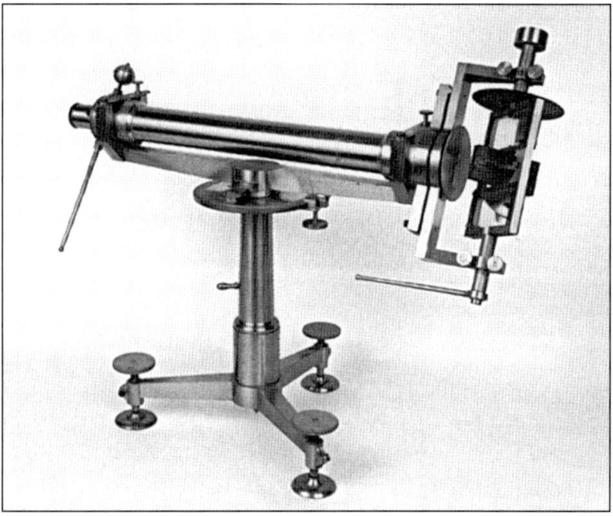

Heliotrop, Bauart nach Gauß, Hersteller Meyerstein, Göttingen, um 1920.

Der alte Gaußturm auf dem Hohen Hagen (506 m) bei Dransfeld. Am 31. Juli 1911 eingeweiht und infolge Basaltabbau am 14. November 1963 eingestürzt.

Signale übertragen zu können, bedeutete bei geodätischen Messungen, daß nun auch eine Verständigung zwischen den oft mehrere Kilometer voneinander entfernten Beobachtern möglich war. So beschrieb Gauß seinem Beobachtungspartner Christian Ludwig Gerling in einem Brief vom 11.8.1823 genau die Bedeutung der einzelnen Signale, die sie beide zwischen ihren Beobachtungspunkten Brocken und Inselsberg austauschen würden.[200]

Ferner entwickelte Gauß eine Methode der geodätischen Winkelmessung, bei der durch bis zu 120facher Wiederholung eine Genauigkeit erreicht wurde, die der der heutigen Hochleistungstheodoliten nur unwesentlich nachsteht.[201] Was jedoch die Genauigkeit der Gaußschen Triangulation als Ganzes anbelangt, so herrschten darüber bis vor kurzem kontroverse Meinungen. Ein Nachteil ist, daß viele der Gaußschen Vermessungspunkte im Gelände nicht mehr erhalten oder nicht mehr einwandfrei nachweisbar sind. Doch ergab eine moderne Überprüfung der Gaußschen Triangulation – dort wo sie noch möglich war – eine auch noch für heutige Verhältnisse beachtenswerte Genauigkeit.[202]

Manche Zeitgenossen beurteilten die Tatsache, daß Gauß viele Jahre seiner Tätigkeit mit geodätischen Vermessungen zubrachte, recht negativ, allen voran Franz Xaver von Zach, aber auch Friedrich Wilhelm Bessel. Sie waren der Meinung, daß Gauß wertvolle Zeit vergeude, die für die schönsten mathematischen Entdeckungen hätte genutzt werden können. Auf eine solche Anspielung antwortete Gauß an Bessel: »Sie haben sich in mehreren Briefen so stark über den geringen Werth, welchen sie auf die Resultate der Messungen legen, erklärt, mir gewissermaassen einen Vorwurf daraus gemacht, dass ich meine Zeit damit verliere ... Wahrlich über die Sache selbst denke ich eben so. Alle Messungen der Welt wiegen nicht ein *Theorem* auf, wodurch die Wissenschaft der ewigen Wahrheiten wahrhaft weiter gebracht wird. Aber sie sollen nicht über den absoluten sondern über den relativen Werth urtheilen. Einen *solchen* haben ohne Zweifel die Messungen ...«[203] Gauß zog ja aus seiner geodätischen Tätigkeit auch immer wieder neue mathematische Erkenntnisse, so zum Beispiel auf kartographischem Gebiet. Ausführlich widmete er sich den Projektionsmethoden der Erdoberfläche auf die Ebene, wobei den konformen Abbildungen naturgemäß eine besondere Bedeutung zukam. Die bekannteste ist die heute sogenannte Gauß-Krügersche Projektion, die Gauß selbst auch bei der hannoverschen Landesvermessung benutzt hatte. Johannes Heinrich Louis Krüger (1857 – 1923) bearbeitete Gauß' geodätischen Nachlaß. Schließlich stehen auch Gauß' differentialgeometrische Untersuchungen in engstem Zusammenhang mit seiner geodätischen Tätigkeit. Besondere Bedeutung kommt dabei der Vermessung des Dreiecks zwischen den drei Bergen Hohen Hagen, Inselsberg und Brocken zu. Bei diesem speziell groß gewählten Dreieck bestimmte Gauß die Abweichung der Winkelsumme von 180°. Er hoffte, durch derartige lokale Messungen Aussagen über die Krümmungsverhältnisse der Erde erhalten zu können. Doch blieben die Ergebnisse immer unterhalb der Fehlergrenze der Messgenauigkeit.

Physik

Als 1831 Wilhelm Eduard Weber Professor der Physik in Göttingen wurde, konnte Gauß schon auf eine ganze Reihe eigener physikalischer Arbeiten zurückblicken. So hatte er 1803 eine kleine Abhandlung *Über die Fundamentalgleichungen für die Bewegung schwerer Körper auf der rotirenden Erde* (publiziert 1804) verfaßt. 1829 hatte er eine Arbeit über die *Allgemeinen Grundlagen der Theorie der Gestalt von Flüssigkeiten im Gleichgewichtszustande* (lateinischer Titel: *Principia generalia theoriae figurae fluidorum in statu aequilibrii*) veröffentlicht, in der er speziell auf die Theorie der Kapillarität eingeht. Noch im gleichen Jahr war der Aufsatz *Über ein neues allgemeines Grundgesetz der Mechanik* erschienen.

Göttingen, Gauß-Weber-Denkmal, zum Zeitpunkt der Einweihung am 17. Juni 1899.

Durch seine astronomische Tätigkeit wurde Gauß veranlaßt, sich auch intensiv mit optischen Problemen auseinanderzusetzen. Wie jeder Astronom seiner Zeit beschäftigte er sich mit der Berechnung achromatischer Fernrohrobjekte. Belege für solche Untersuchungen reichen bis in das Jahr 1807 zurück[204]; sie finden einen ersten Höhepunkt in dem 1817 publizierten Artikel *Über die achromatischen Doppelobjective besonders in Rücksicht der vollkommenern Aufhebung der Farbenzerstreuung*.[205] Hier stellt Gauß ein neues Objektiv vor, auf dessen Form er durch mathematische Überlegungen und Rechnungen gekommen war. Solche Gaußschen Objektive wurden daraufhin auch angefertigt, zuerst in England und dann 1860 von Karl August von Steinheil (1801 – 1870) in Deutschland. Ebenso berechnete man für die Fernrohre eines Spektrometers Gaußsche Objektive; mit bestem Erfolg wurden sie auch als Mikroskopobjektive verwendet. Als Gauß' größte Leistung auf dioptrischem Gebiet sind seine 1840 publizierten *Dioptrischen Untersuchungen* anzusehen, in denen er Resultate veröffentlichte, zu denen er seinen eigenen Angaben gemäß bereits 40 bis 45 Jahre früher gelangt war. Diese Untersuchungen bilden quasi einen Abschluß und die Vollendung der geometrischen Linsenoptik enger Strahlenbündel.[206]

Ohne Zweifel sind Gauß' wichtigste physikalische Untersuchungen diejenigen, die er gemeinsam mit Weber auf dem Gebiete des Erdmagnetismus, des Galvanismus und des Elektromagnetismus gemacht hat. Ein großer Teil der Erkenntnisse, die für Gauß' und Webers Arbeiten Voraussetzungen waren, wurden erst zu Gauß' Lebzeiten erzielt. So gelang es Henry Cavendish (1731 – 1810) und Charles Augustin de Coulomb (1736 – 1806) 1771 bzw. 1785, die erste quantitative Beziehung in der Elektrizitätslehre nachzuweisen: Die elektrische Kraftwirkung nimmt umgekehrt proportional zum Quadrat des Abstandes von einer punktförmigen Ladung ab. Das analoge Kraftgesetz für den Magnetismus war zwar schon 1750 theoretisch aufgestellt worden, es wurde aber erst durch de Coulomb ebenfalls 1785 experimentell bewiesen. 1786 gelang Luigi Galvani (1737 – 1798) seine epochale Entdeckung: Er beobachtete, daß ein präparierter Froschschenkel zuckte, wenn man Nerven- und Muskelenden mit zwei verschiedenen, miteinander verbundenen Metallen berührte. Nachdem Galvani 1791 seine Ergebnisse veröffentlicht hatte, bewies Alessandro Volta (1745 – 1827), daß Galvanis Entdeckung ein allgemeines elektrisches Gesetz zugrunde liegt.

Er entwickelte 1792 eine Theorie der Kontaktelektrizität. Dabei wird die elektrische Spannung dadurch erzeugt, daß man zwei verschiedene Metalle in eine leitende Flüssigkeit (Wasser usw.) bringt und die Metalle außerhalb der Flüssigkeit miteinander leitend verbindet (galvanisches Element). Das war das erste Batterieelement der Geschichte. Damit konnte man nun – wenigstens über kürzere Zeitabschnitte hinweg – relativ konstante Ströme erzeugen, und auch der Weg zur Schaffung stärkerer Stromquellen war jetzt frei. Dies erreichte Volta durch Hintereinanderschaltung einzelner galvanischer Elemente 1799/1800 (Voltasäule). Damit war das Problem der Stromerzeugung vorerst einmal gelöst.

Im April 1820 schließlich bemerkte Hans Christian Ørsted (geboren wie Gauß 1777), daß eine Magnetnadel durch einen elektrischen Strom abgelenkt wird. Damit wies er experimentell nach, daß Elektrizität und Magnetismus nicht als voneinander unabhängige Phänomene zu betrachten sind, sondern daß sie zusammengehören. Damit begann die Epoche des Elektromagnetismus. Hans Christian Ørsted (1777 – 1851) beschrieb seine Ergebnisse in einer nur wenige Seiten umfassenden Abhandlung, die er im Juli 1820 an alle namhaften Physiker verschickte. Überall in Europa wiederholte man sofort mit Erfolg Ørsteds Versuche. Noch im Jahre 1820 untersuchte der französische Physiker André Marie Ampère (1775 – 1836) die elektrodynamische Wirkung zweier stromdurchflossener Leiterstückchen (Ampèresches Gesetz) und begründete die magnetischen Erscheinungen in einem Stabmagneten oder in der Erde mit dem Vorhandensein elektrischer Ströme. Gleichzeitig fanden die französischen Physiker Jean-Baptiste Biot und Felix Savart (1791 – 1841) einen quantitativen Ausdruck für die Kraft, die ein stromdurchflossener Leiter auf die Pole einer Magnetnadel ausübt. 1826 stellte Ohm das quantitative Gesetz

$$\text{Stromstärke} = \frac{\text{Spannung}}{\text{Innenwiderstand} + \text{Außenwiderstand}}$$

auf, das sich später für die Entwicklung der elektrischen Meßtechnik als bahnbrechend erweisen sollte. Welche engen Beziehungen zwischen Magnetismus und Elektrizität herrschen, bewies erneut Michael Faraday, als er entdeckte, daß man durch Bewegung eines Magneten elektrische Ströme erzeugen kann, das heißt, daß man Magnetismus in Elektrizität verwandeln kann (elektromagnetische Induktion).

Hier nun setzten Gauß' und Webers Untersuchungen zur Erforschung der Magnetik, des Erdmagnetismus und des Galvanismus ein. Das erste reife Ergebnis von Gauß' magnetischen Arbeiten ist die *Intensitas vis magneticae ad mensuram absolutam revocata*. Die Bezeichnungsweisen »absolutes Maß« oder »Messung in absoluten Einheiten« führte Gauß hier neu ein; sie haben sich bis heute erhalten. Am Anfang seiner Arbeit formuliert Gauß die Hypothesen, die er seiner Theorie des Magnetismus zugrunde legt: er denkt sich zwei imponderable magnetische

Flüssigkeiten, die nördliche oder positive und die südliche oder negative. Sie wirken mit Kräften aufeinander, die direkt proportional zu der wirkenden Menge und umgekehrt proportional zum Quadrat der Entfernung sind (magnetisches Kraftgesetz). Die magnetischen Flüssigkeiten selbst sind nur durch die Wirkungen, die sie hervorbringen, erkennbar; demzufolge sind es auch die Wirkungen, die gemessen werden müssen. Gauß definiert im § 1: »Die Einheit der Menge der nordmagnetischen Flüssigkeit ist diejenige, deren abstoßende Kraft auf eine andere ihr gleiche und in der Entfernung = 1, d.h. ‹gleich› der Wirkung der beschleunigenden Kraft auf die Masse = 1 und dasselbe gilt für die Einheit der Menge der südmagnetischen Flüssigkeit«. Gauß erkannte als erster, daß eine solche Festsetzung nicht nur möglich, sondern notwendig ist, wenn man zu einer Maßbestimmung der magnetischen Kräfte kommen will. Im § 5 definiert Gauß das magnetische Moment (»momentum magnetismi«) und erläutert den Begriff Magnetpol. Danach betrachtet Gauß die Wirkung der Kraft des Erdmagnetismus auf einen Magneten, die er in eine Vertikalkomponente (Inklination) und in eine Horizontalkomponente (Horizontalintensität) zerlegt. Im § 25 gibt er eine Reihe von quantitativen Messungen über die absoluten Werte der Horizontalintensität.

Eine Fülle von Ergebnissen publizierte Gauß in den *Resultaten aus den Beobachtungen des Magnetischen Vereins*. Im ersten Band von 1836 (gedruckt 1837) stellt Gauß in dem Aufsatz *Über ein neues, zunächst zur unmittelbaren Beobachtung der Veränderungen in der Intensität des horizontalen Theils des Erdmagnetismus bestimmtes Instrument* das Bifilarmagnetometer vor. Es war im Zusammenhang mit dem elektromagnetischen Telegraphen von Gauß entdeckt und von Weber konstruiert worden und wies gegenüber den gewöhnlichen Magnetometern eine zehnmal so große Empfindlichkeit auf.

Im dritten Band der *Resultate* von 1838 entwickelt Gauß in der *Allgemeinen Theorie des Erdmagnetismus* eine rein phänomenologische Theorie der Erscheinungen. Hier berechnet er das Potential des Erdmagnetismus nach Kugelfunktionen und das magnetische Moment der Erde zu $8{,}54 \times 10^{25}$ absolute Einheiten, ein Ergebnis, das nur um etwa 2% vom modernen Wert abweicht. Darüber hinaus bestimmt er rein theoretisch den Ort der Magnetpole auf der Erde. Er findet für den magnetischen Nordpol: 73°35' nördliche Breite und 264°21' östliche Länge, und für den magnetischen Südpol: 72°35' südliche Breite und 152°30' östliche Länge. Eine Schiffsexpedition hatte kurze Zeit vorher die Lage des magnetischen Nordpols mit einer Abweichung von nur 3°30' weiter südlich gefunden. Der magnetische Südpol war zur Zeit der ersten Veröffentlichung von Gauß' Theorie noch nicht bekannt. Es war ein Triumph, als im Jahre 1841 der magnetische Südpol bei 70°21' südliche Breite und 146°17' östliche Länge tatsächlich aufgefunden wurde, d.h. an einer Stelle, die von der berechneten nur unwesentlich abwich.[207]

Im vierten Band der *Resultate* von 1839 führt Gauß in seiner Abhandlung *Allgemeine Lehrsätze in Beziehung auf die verkehrten Verhältnisse des Quadrats der Entfernung wirkenden Anziehungs- und Abstoßungskräfte* die allgemeine Potentialtheorie ein, eine neue mathematisch-physikalische Disziplin, die die Phänomene erfaßt, die nach dem Gesetz $K = k \frac{m_1 m_2}{r^2}$ ablaufen, z.B. das Newtonsche Gravitationsgesetz, das Coulombsche Gesetz, das magnetische Kraftgesetz. Der Ausdruck »Potential« kommt zwar schon bei früheren Autoren vor, doch erst Gauß führt ihn in die Physik ein, indem er ihn als »mögliche Arbeit« kennzeichnet. Die von Gauß entwickelte

Gauß-Portrait für den Aufruf zur Errichtung eines Gauß-Standbildes, 1876.

Potentialtheorie stimmt weitgehend mit den 1828 von dem englischen Physiker George Green (1793 – 1841) publizierten Ergebnissen überein, die jedoch damals Gauß sicher unbekannt waren.

In Anlehnung an die Zurückführung der magnetischen Maße auf die absoluten Maßeinheiten, hatte Gauß den Gedanken entwickelt, dasselbe auch für die elektrischen Maße zu tun. Mit dieser Arbeit begann er Ende 1835, aber er vollendete sie nicht. In seinem Nachlaß fand sich ein unfertiger Aufsatz mit dem Titel *Zurückführung der Wechselwirkung zwischen galvanischen Strömen und Magnetismus auf absolute Maasse*. Wilhelm Eduard Weber verwirklichte Gauß' Gedankengänge und publizierte die Ergebnisse unter dem Titel: *Messung starker galvanischer Ströme bei geringem Widerstande nach absolutem Maasse* in den *Resultaten* von 1840.

Büste Carl Friedrich Gauß (1777 – 1855).

Bedeutung und Wirkung von Carl Friedrich Gauß

Deutschland war während des ganzen 18. Jahrhunderts und an der Wende des 18. zum 19. Jahrhundert ein Land der geistigen Superlative in Literatur

(Goethe, Schiller), Philosophie (Kant, Hegel) und Musik (Beethoven). Dagegen gab es im 18. Jahrhundert kaum einen deutschen Naturwissenschaftler von internationalem Rang und Namen. Das Niveau, das die naturwissenschaftlichen Vorlesungen an den Universitäten hatten, war dementsprechend. Gauß hatte während seines Studiums in Göttingen keinen Lehrer in Mathematik, der ihm ernstlich etwas hätte bieten können. An allen anderen deutschen Universitäten wäre es Gauß ähnlich ergangen; es gab noch kaum mathematische Spezialvorlesungen. In Frankreich war die Situation der Naturwissenschaften am Ende des 18. und zu Beginn des 19. Jahrhunderts eine ganz andere. Die »École polytechnique« in Paris galt als das berühmteste Zentrum für die Naturwissenschaften; die Zahl der großen französischen Naturwissenschaftler aus dieser Zeit scheint kein Ende zu nehmen: Pierre Simon de Laplace, Joseph Louis de Lagrange, Adrien-Marie Legendre, Joseph Fourier (1768 – 1830), Siméon Denis Poisson (1781 – 1840), Michael Ange Lancret (1774 – 1804), Pierre Charles François Dupin (1784 – 1873), Marie François Sadi Carnot (1837 – 1894), Sylvester François Lacroix (1765 – 1843), Gaspard Monge (1746 – 1818), Jean-Baptiste Biot, Jean Nicolas Pierre Hachette (1769 – 1834), Augustin Louis Cauchy (1789 – 1857).

Mit dem Auftreten von Gauß beginnt sich in Deutschland eine Wende anzubahnen. Durch seine spektakulären Erfolge im Jahre 1801 auf dem Gebiet der Zahlentheorie und durch die Berechnungen, die zur Wiederentdeckung der Ceres führten, nahm Gauß sofort eine Spitzenstellung innerhalb der Naturwissenschaften ein. Als er 1807 Professor der Astronomie an der Sternwarte in Göttingen wurde, genoß er bereits einen solchen Ruf, daß Schüler aus aller Welt kamen, um bei ihm Vorlesungen zu hören und zu lernen. Vor allem die Schüler von Gauß waren es, die kurze Zeit später in der Astronomie die führenden Stellungen einnahmen und durch ihre Beiträge das wissenschaftliche Niveau bestimmten.

Die Zeit, in der es gerade nicht die Fachastronomen waren, die die wesentlichen wissenschaftlichen Fortschritte erzielten, war damit endgültig vorbei. Heinrich Christian Schumacher studierte 1807 bei Gauß, er wurde später Direktor der Altonaer Sternwarte und dann Professor der Astronomie in Kopenhagen. Christian Ludwig Gerling hörte 1810 bei Gauß Vorlesungen und wurde später als Professor der Mathematik, Physik und Astronomie nach Marburg berufen. Johann Franz Encke (1791 – 1865) kam 1811 zu Gauß nach Göttingen und wurde 1825 Direktor der Sternwarte in Berlin. Friedrich Bernhard Gottfried Nicolai (1793 – 1846), der spätere Direktor der Sternwarte Mannheim, hatte um 1812 bei Gauß gelernt. August Ferdinand Möbius (1790 – 1868) kam um 1813 zu Gauß nach Göttingen und wurde Direktor der Sternwarte in Leipzig. Benjamin Apthorp Gould (1824 – 1896) aus Boston, Mass., ging von dort nach Göttingen und promovierte 1848 bei Gauß; er wurde Professor am Dudley Observatory in Albany, New York. Richard Dedekind studierte 1850/51 bei Gauß und promovierte 1852 bei ihm; 1858 erhielt er einen Ruf als Professor der Mathematik an die ETH Zürich und war seit 1862 Professor für Mathematik an der Technischen Hochschule Braunschweig.

Das, was Gauß in Göttingen im wesentlichen für den astronomischen Nachwuchs bedeutete, war für die zukünftigen Mathematiker die Universität Königsberg, wo Carl Gustav Jacob Jacobi, Friedrich Wilhelm Bessel und Franz Ernst Neumann (1798 – 1895) wirkten. Vor allem der Mathematiker Jacobi war es, der es verstand, dort eine Schule zu gründen,

Richard Dedekind (1831 – 1916). Der Braunschweiger Mathematiker war Schüler von Carl Friedrich Gauß, 1868.

aus der so berühmte Männer wie C. W. Borchardt, Eduard Heine (1821 – 1881), Ludwig Otto Hesse (1811 – 1874), Friedrich Julius Richelot (1808 – 1875), Johann Georg Rosenhain (1816 – 1887), Philipp Ludwig von Seidel (1821 – 1896) hervorgegangen sind. Mit Gauß und Jacobi an der Spitze erfolgte eine Wiederbelebung der Naturwissenschaften in Deutschland; es begann ein gewaltiger Aufschwung. Evariste Galois (1811 – 1832), einer der berühmtesten Mathematiker im 19. Jahrhundert in Frankreich, der als einer der Begründer der modernen Algebra anzusehen ist (Galois-Theorie), verfaßte 1832, als er im Alter von nur 21 Jahren in einem Duell tödlich verwundet wurde, sein wissenschaftliches Testament. Hier teilte er noch seine mathematischen Ideen mit, die er nicht mehr ausarbeiten konnte und schrieb seinem Freund Auguste Chevalier (1809 – 1868): »Tu prieras publiquement Jacobi ou Gauss de donner leur avis non sur la verité, mais sur l'importance des théorèmes.«[208] Mit Gauß und Jacobi begann sich das Universitätslcben in den Naturwissenschaften zu verändern. An allen deutschen Universitäten wurden früher oder später Spezialvorlesungen abgehalten und das bedeutete, daß generell das Niveau anstieg. Die naturwissenschaftliche Vormachtstellung Frankreichs ging damit zu Ende.

Gauß' theoretische Beiträge zu den Wissenschaften waren es vor allem, die den Gang der Wissenschaften an den Universitäten in der Zukunft nachhaltig beeinflußten. Dabei lag Gauß' Stärke sowohl in der Theorie als auch in der Praxis. Gerade die Praxisbezogenheit seiner wissenschaftlichen Untersuchungen ist es, die die große Bewunderung seiner Zeitgenossen hervorrief. Man denke an die Wiederauffindung der Ceres, den elektromagnetischen Telegraphen, die Berechnung der magnetischen Pole der Erde usw. Es war in der Vergangenheit nicht immer so gewesen, daß die Theorie der Praxis unter die Arme greifen konnte. Nur allzu oft galt (und gilt auch noch heute) das Motto: »Theorie ist, wenn man alles weiß und nichts funktioniert. Praxis ist, wenn alles funktioniert und keiner weiß warum.« Hatte doch im 18. Jahrhundert einer der berühmtesten Naturwissenschaftler, Leonhard Euler, ein Wasserhebewerk berechnet, das nicht funktionierte und der große Isaac Newton seinen Berechnungen gemäß Schiffe bauen lassen, die sich als erheblich schlechter erwiesen als die herkömmlichen. Da ist es verständlich, daß sich Friedrich der Große, König von Preußen, 1778 in einem Brief an Voltaire (1694 – 1778) mit den entsprechenden Worten darüber lustig machte: »Die Engländer haben Schiffe mit dem nach Newtons Meinung vorteilhaftesten Querschnitt gebaut; ihre Admirale aber haben mir versichert, daß diese Schiffe längst nicht so gute Segler seien wie die nach den Regeln der Erfahrung gebauten. Ich wollte in meinem Garten einen Springbrunnen anlegen; Euler berechnete die Leistung der Räder, die das Wasser in einen Behälter heben sollten, damit es dann, durch Kanäle geleitet, in Sanssouci in Springbrunnen wieder in die Höhe steige. Mein Hebewerk ist nach mathematischen Berechnungen ausgeführt worden, und doch hat es keinen Tropfen Wasser bis auf fünfzig Schritt vom Behälter heben können. Eitelkeit der Eitelkeiten! Eitelkeit der Mathematik!«[209]

Damals stand die Theorie noch in keinem allzu großen Ansehen. Gauß jedoch bewies immer wieder, was eine gute Theorie für die Praxis alles zu leisten vermag, ja, daß die Theorie oft die Voraussetzung und Grundlage für ein praktisches Ergebnis ist. Er verhalf damit der Theorie zu der Bedeutung, die ihr in Wirklichkeit zukommt. Vielleicht ist es gerade diese Verbindung zwischen Theorie und Praxis, die Gauß' Zeitgenossen dazu veranlaßte, ihn mit Archimedes zu vergleichen, dem größten Mathematiker und genialen Physiker und Ingenieur der Antike.

Bereits zu seinen Lebzeiten wurde Gauß von seinen Zeitgenossen die größte Verehrung und Anerkennung entgegengebracht. Rudolf Wagner (1805 – 1864), Professor für vergleichende Physiologie und Zoologie in Göttingen, schrieb einen Monat nach Gauß' Tod: »Meine Freunde und Bekannten werden mir bezeugen, wenn ich sage, daß wir unseren großen

Mathematiker niemals wie einen Kollegen behandelten, sondern stets wie einen sehr hoch gestellten, mit ganz ungewöhnlichen Geisteskräften begabten Mann, vor dem man immer ehrfurchtsvoll ein Paar Schritte zur Seite weicht. Ich werde nicht mißverstanden werden, wenn ich sage, daß er in unserer Gelehrtenrepublik ungefähr die Rolle spielte, wie der Löwe im Thierstaate der Fabel. In der That hatte Gauss wirklich etwas Löwenartiges, Imposantes in seinen hochgewölbten Augenbraubogen überschatteten Bliken des Auges, wodurch wir Andren ebenfalls stets in einem gewissen Respekte gehalten wurden.«[210]

Diese Hochachtung wurde Gauß nicht nur bei seinen Göttinger Kollegen, sondern auch in ganz Deutschland und darüber hinaus in allen Ländern zuteil. Dies bezeugen z.B. die zahlreichen offiziellen Ehrungen, die Gauß erhielt, so aus vielen Städten Deutschlands, ferner aus Petersburg, Kasan, Prag, Kopenhagen, Stockholm, Amsterdam, Harlem, Brüssel, Paris, London, Cambridge, Edinburgh, Dublin, Madrid, Palermo, Bologna, Turin, Mailand, Wien sowie aus den USA (Boston und Philadelphia). Der wesentliche Grund für diese Anerkennung ist Gauß' enormen wissenschaftlichen Leistungen zuzuschreiben. Eine gewisse Rolle spielte dabei aber auch, daß Gauß ein Wissenschaftler mit internationalen Kontakten war, seine Korrespondenz erstreckte sich über viele Länder. Eine Voraussetzung hierfür waren sicher seine großartigen Sprachkenntnisse. Während er seine großen wissenschaftlichen Publikationen in dem damals in den entsprechenden Kreisen allgemein verständlichen Latein verfaßte, bediente er sich in seinen Briefen ebenso des Englischen und des Französischen; beide Sprachen sprach er fließend und beherrschte sie bis in philologische Feinheiten. Von seinen Russischkenntnissen war schon an anderer Stelle die Rede; auch die anderen europäischen Sprachen wie Italienisch, Dänisch usw. bereiteten ihm keinerlei Schwierigkeiten.

Gauß verstand es, mit vielen seiner wissenschaftlichen Unternehmungen weltweites Interesse hervorzurufen und internationale Zusammenarbeit anzuregen. Das gilt z.B. für seine geodätischen Vermessungen, bei denen es ihm nicht nur um die Vermessung des Königreichs Hannover ging, sondern auch um eine europäische Gradmessung, die ja die Beteiligung mehrerer Länder voraussetzt. Wenn Gauß auch zu seinen Lebzeiten dieses Ziel nicht ganz erreichte, so ist es doch mit auf ihn zurückzuführen, daß 1864 das

НИКОЛАЯ ПАВЛОВИЧА,

КАРЛА ФРИДРИХА ГАУССА

НА СТЕПЕНЬ ПЕРВОКЛАССНАГО МАТЕМАТИКА ЕВРОПЫ,

ПОЧЕТНЫМЪ ЧЛЕНОМЪ УНИВЕРСИТЕТА,

№ 176

Diplom der Ehrenmitgliedschaft der Universität Kasan für C.F. Gauß vom 23. März 1849.

Das Braunschweiger Gauß-Denkmal des Berliner Bildhauers Fritz Schaper (1811 – 1909), um 1990.

»Zentralbureau der europäischen Gradmessung« von Johann Jakob Baeyer (1794 – 1885) gegründet wurde, das zunächst nur die mitteleuropäische Gradmessung, dann ab 1869 die europäische und ab 1886 die internationalen Gradmessungen betrieb.

Der Göttinger Magnetische Verein war im Laufe der Jahre unter Gauß' Führung zu einer internationalen geophysikalischen Vereinigung mit Beobachtungsstationen rund um die Erde geworden. Was die Organisation anbelangte, so erwiesen Alexander von Humboldt und Gauß dabei ihr hervorragendes Talent auf diesem Gebiet. Gauß setzte seine Ansichten auch gegen die Autorität Humboldts durch, z.B. was die sog. »magnetischen Termine« betraf, und beschäftigte sich mit der Kleinarbeit des Organisierens von Beobachtungen in Verbindung mit den anderen, über die ganze Erde verteilten Stationen. Hierbei kam es besonders auf die Einheitlichkeit der Methoden und Instrumente sowie auf die Gleichzeitigkeit der Messungen und Beobachtungen an. Als besonders zweckmäßig erwies sich dafür die Schaffung eines eigenen Publikationsorganes, den *Resultaten aus den Beobachtungen des Magnetischen Vereins*. Es förderte die Verbreitung und Anwendung der Gaußschen Methoden und enthielt grundsätzliche Beiträge. Gauß schuf damit eine neue Form der internationalen Zusammenarbeit auf geophysikalischem Gebiet, die sich auch später bei der Organisation der Internationalen Polarjahre 1882/83 und 1932/33 als wichtige Voraussetzung erwies.[211] Mit Recht kann man den Göttinger Magnetischen Verein als Vorläufer der wissenschaftlichen Vereinigung im Internationalen Geophysikalischen Jahr 1957/58 betrachten.

Gauß war Naturwissenschaftler aus Leidenschaft und innerster Überzeugung. Der Gauß-Biograph Wolfgang Sartorius von Waltershausen berichtete 1856: »Gauß war ein Mann von eisernem Character ... Sein eigentlicher, allen andern Zwecken vorangehender Lebensplan bestand in der Verkörperung seiner großen wissenschaftlichen Ideen, in dem beharrlichen Streben, die exacten Wissenschaften des 19. Jahrhunderts einem neuen Aufschwung einer neuen

Feierliche Rektoratsübergabe an der TU Braunschweig am 9. Juli 1966 von Prof. Löhner an Prof. Gerke.

Pedellstäbe mit dem Symbol von Siebzehneck, Zirkel und Lineal in Erinnerung an C. F. Gauß, 1954.

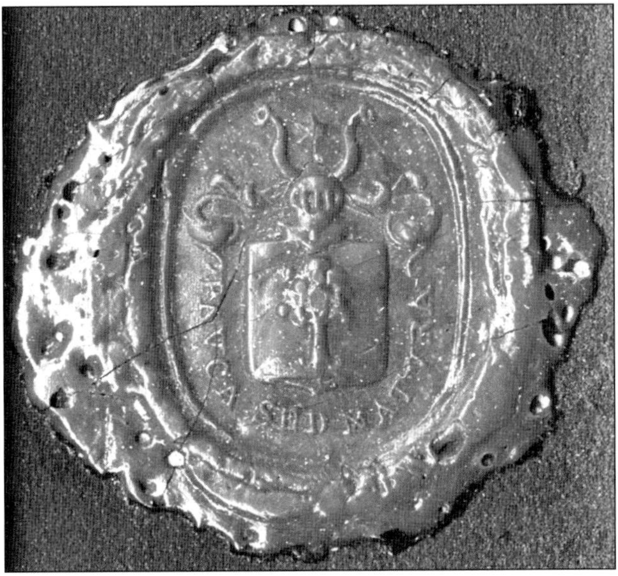

Siegel von C. F. Gauß mit Familienwappen und dem Lebensmotto »Pauca sed Matura« (»Weniges, aber Reifes«).

Vollendung entgegenzuführen.«[212] Das Streben nach Wissen und Erkennen war das Motiv für Gauß' wissenschaftliche Arbeit und nicht etwa das Streben nach Ehre oder Ruhm. An seinen Freund Wolfgang Bolyai schrieb Gauß 1808 in diesem Sinne: »Wahrlich es ist nicht das Wissen, sondern das Lernen, nicht das Besitzen, sondern das Erwerben, nicht das Da-Seyn, sondern das Hinkommen, was den grössten Genuss gewährt.«[213] Gauß wollte ausdrücklich einen Beitrag zur Wissenschaft leisten, von populären Darstellungen seiner Gedanken hielt er so gut wie nichts.[214] Im Verhältnis zu seinen vielen großartigen Ideen publizierte Gauß relativ wenig. Er war nicht in erster Linie daran interessiert, alle seine Gedanken zu veröffentlichen. Dementsprechend groß ist die Anzahl seiner Ergebnisse, die sich erst im Nachlaß fanden. »Pauca, sed matura« (Weniges, aber Reifes) war Gauß' Wahlspruch und Motto seines Siegels. Es zeigt einen Apfelbaum, an dem nur einige, aber dafür sehr große Äpfel hängen. Dementsprechend schwierig zu verstehen sind die meisten der Gaußschen Abhandlungen. Der Weg, auf dem Gauß selbst zu seinen Ergebnissen gelangt war, ist oftmals nicht mehr zu erkennen; die Arbeiten stellen ein in sich geschlossenes Ganzes dar ohne irgendwelche Zutaten. Für einen geeigneten Ausspruch für einen Naturforscher hielt Gauß die folgenden Worte Shakespeares, die er besonders hoch schätzte und liebte:

»Thou, nature, art my goddess; to thy laws my services are bound.«[215]

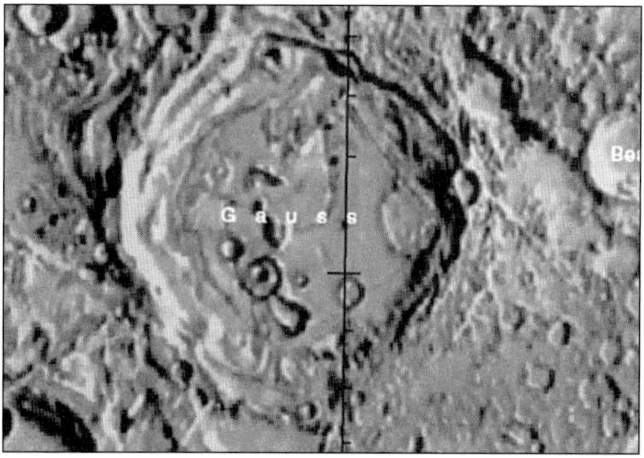

Nach C. F. Gauß benannt ist der Gauss-Krater auf dem Mond. Seine Koordinaten lauten: 35,7° nördliche Breite, 79,0° östliche Länge, d.h. er liegt »rechts« des Mare Serenitatis auf der nördlichen und der Erde zugewandten Mondseite. Sein Durchmesser beträgt etwa 177 km.

Anmerkungen

Verwendete Abkürzungen:

G-Bol.	= Briefwechsel Gauß – W. Bolyai
G-G.	= Briefwechsel Gauß – L. Chr. Gerling
G-S.	= Briefwechsel Gauß – H. C. Schumacher
G-O.	= Briefwechsel Gauß – W. Olbers
G-Bes.	= Briefwechsel Gauß – F. W. Bessel
W.	= Gauß-Werke
Mitt. Gauß-Ges.	= Mitteilungen der Gauß-Gesellschaft

Werbeplakat der Brunsviga-Werke Braunschweig für mechanische Rechenmaschinen, 1920er Jahre.

* Das Buch knüpft in Teilen an die Veröffentlichung von Karin Reich, Carl Friedrich Gauß 1777/1977. München 1977 an, wurde jedoch insgesamt überarbeitet und mit dem kulturhistorischen Teil erheblich erweitert.

1 z.B. in Braunschweig, Zeven, Elze (Gauß-Krüger Schule).

2 Vermessungsschiff des Deutschen Hydrographischen Instituts Hamburg (seit 1949), vgl. Mitt. Gauß-Ges. 5, 1968 (Abb.).

3 z.B. Die Ritter vom Geist; Karlsruhe 1968, S. 34.

4 Joachim Heinrich Campe, Neue Sammlung merkwürdiger Reisebeschreibungen für die Jugend. 6. Teil. Braunschweig [5]1832, S. 138.

5 Ebd. S. 147.

6 Eduard Vieweg (1796 – 1869), Sohn des Verlegers Friedrich Vieweg und Enkel von Joachim Heinrich Campe.

7 (Anonym): Über die nothwendigen Angelegenheiten Frankreichs. In Briefen an den Herrn Edukationsrath und Buchhändler Joachim Heinrich Campe in Braunschweig, in: Wiener Zeitschrift, Erster Band, Erstes Heft. Wien 1792, S. 65.

8 Martha Küssner, Carl Friedrich Gauß und seine Welt der Bücher. Göttingen 1979, S. 62.

9 Selma Stern, Karl Wilhelm Ferdinand. Herzog zu Braunschweig und Lüneburg. Hildesheim/Leipzig 1921 (Veröffentlichungen der Historischen Kommission für Hannover, Oldenburg, Braunschweig, Schaumburg-Lippe und Bremen); Gerd Biegel, 6. Februar 1794. Rückkehr von Herzog Carl Wilhelm Ferdinand aus Frankreich. Braunschweig 1994 (Veröffentlichungen des Braunschweigischen Landesmuseums 74); ders., Herzog Carl Wilhelm Ferdinand und Joachim Heinrich Campe – Begegnung zwischen Fürst und Unternehmer im Braunschweig der Aufklärung, in: Visionäre Lebensklugheit. Joachim Heinrich Campe in seiner Zeit (1746 – 1818). Wiesbaden 1996, S. 89 – 111 (= Ausstellungskataloge der Herzog August Bibliothek Nr. 74).

10 Dazu besonders [Carl Friedrich Pockels]: Carl Wilhelm Ferdinand, Herzog zu Braunschweig und Lüneburg. Ein biographisches Gemälde dieses Fürsten. Tübingen 1809, S. 2 und S. 5 ff.; Stern (wie Anm. 9), S. 5 ff.

11 Zunächst war die Erziehung des Erbprinzen in den Händen des Hofbeamten Otto Johann v. Wittorf, der jedoch *»besser in den Intrigen und Liebesgeschichten seiner Umgebung als in den Geheimnissen der Pädagogik Bescheid«* wußte. [Stern (wie Anm. 9), S. 5]; Isa Schikorsky, Gelehrsamkeit und Geselligkeit. Abt Johann Friedrich Wilhelm Jerusalem (1709 – 1789) in seiner Zeit, hg. von Klaus Erich Pollmann. Braunschweig 1989.

12 Schikorsky (wie Anm. 11), S. 74.

13 Paul Zimmermann, Abt Jerusalems Berichte über die Erziehung der Kinder Herzog Karl I., insbesondere des Erbprinzen Karl Wilhelm Ferdinand, in: Jahrbuch des Geschichtsvereins für das Herzogtum Braunschweig 5, 1906, S. 129 – 164.

14 Jacob Mauvillon, Geschichte Ferdinands, Herzogs von Braunschweig-Lüneburg. 2 Bände. Leipzig 1794.

15 Stern (wie Anm. 9), S. 18.

16 Heinrich de Catt, Unterhaltungen mit Friedrich dem Großen. Memoiren und Tagebücher, hg. von Reinhold Koser. Leipzig 1884, S. 278.

17 Katharina II. in ihren Memoiren. Übersetzt und herausgegeben von Erich Boehme. Leipzig 1918, S. 13.
18 Vgl. Peter Albrecht, Die Förderung des Landesausbaues im Herzogtum Braunschweig-Wolfenbüttel im Spiegel der Verwaltungsakten des 18. Jahrhunderts (1671 – 1806). Braunschweig 1980 (Braunschweiger Werkstücke Reihe A, Band 16/Der ganzen Reihe, Band 58); Gerd Biegel, Bankhaus C. L. Seeliger 1794 – 1994. 200 Jahre Bank- und Regionalgeschichte in Wolfenbüttel. Wolfenbüttel 1994.
19 Walter Deeters, Das erste Jahrzehnt des braunschweigischen Finanzkolleges von 1773 bis 1785, in: Braunschweigisches Jahrbuch 56, 1975, S. 101 – 119.
20 Stern (wie Anm. 9), S. 70.
21 Biegel (wie Anm. 9), S. 35 f.
22 Peter Albrecht, Die »Braunschweigischen Armenanstalten«. Ein Beitrag zur städtischen Armenpolitik in der 1. Hälfte des 19. Jahrhunderts (1796 – 1853). Hamburg 1962 (maschinenschriftliche Diplomarbeit, Stadtarchiv Braunschweig); Stern (wie Anm. 9), S. 66 ff.
23 Pockels (wie Anm. 10), S. 91.
24 Joachim Heinrich Campe, Über einige verkannte wenigstens ungenützte Mittel zur Beförderung der Indüstrie, der Bevölkerung und des öffentlichen Wohlstandes, Erstes und Zweites Fragment, Wolfenbüttel 1786 (Neudruck Frankfurt am Main 1969), S. 16.
25 Ludwig von Friedeburg, Bildungsreform in Deutschland. Geschichte und gesellschaftlicher Widerspruch. Frankfurt am Main 1989, S. 39.
26 Ebd. S. 41.
27 Campe (wie Anm. 24), S. 7.

Plan der Stadt Braunschweig im 19. Jahrhundert, 1873.

[28] Friedrich Koldewey, Braunschweigische Schulordnungen von den ältesten Zeiten bis zum Jahre 1828. Band 2. Berlin 1890, S. CXII.

[29] Hanno Schmitt, Schulreform im aufgeklärten Absolutismus. Frankfurt 1979 (Studien und Dokumentationen zur deutschen Bildungsgeschichte. Band 12).

[30] Ebd. S. A – 29f.

[31] Ebd. S. A – 31.

[32] Friedeburg (wie Anm. 24), S. 43f.

[33] Schmitt (wie Anm. 29), S. 237.

[34] Schmitt (wie Anm. 29), S. 274.

[35] Ernst Hinrichs, Aufklärung in Niedersachsen. Zentren, Institutionen, Ausprägungen. Göttingen 1989.

[36] Pockels (wie Anm. 10), S. 8.

[37] Gotthard Frühsorge, Braunschweiger Blütezeiten. Aufklärungskultur in Braunschweig-Wolfenbüttel zur Zeit Lessings, in: Eine Reise der Aufklärung. Lessing in Italien 1775, hg. von Lea Ritter Santini. Wolfenbüttel 1993 (Ausstellungskataloge der Herzog August Bibliothek Nr. 70), S. 50; Allgemein dazu: Franklin Kopitzsch (Hg.), Aufklärung, Absolutismus und Bürgertum in Deutschland. München 1976; Wolfgang Ruppert, Bürgerlicher Wandel. Die Geburt der modernen deutschen Gesellschaft im 18. Jahrhundert. Frankfurt 1984; Peter Pütz, Die deutsche Aufklärung. Darmstadt [3]1987 (Erträge der Forschung Band 81).

[38] Rudolf Vierhaus, Zur historischen Deutung der Aufklärung. Probleme und Perspektiven 4. Wolfenbüttel 1977, S. 39 – 54; S. 47; allgemein dazu: Martina Graf, Buch- und Lesekultur in der Residenzstadt Braunschweig zur Zeit der Spätaufklärung unter Herzog Karl Wilhelm Ferdinand (1770 – 1806). Frankfurt 1994. Zu kulturgeschichtlichen Aspekten in Braunschweig sehr informativ, außerdem: Karl Hoppe, Das Geistesleben in Braunschweig zur Zeit Lessings. Braunschweig 1929; Karl Steinacker, Abklang der Aufklärung und Widerhall der Romantik in Braunschweig. Braunschweig 1939.

[39] Albrecht (wie Anm. 18), S. 26 – 34.

[40] Hinrichs (wie Anm. 35), S. 22.

[41] Albrecht (wie Anm. 18), S. 26.

[42] Technische Universität Braunschweig. Vom Collegium Carolinum zur Technischen Universität 1745 – 1995, hg. im Auftrag des Präsidenten von Walter Kertz. Hildesheim/Zürich/New York 1995; Gerd Biegel, Collegium Carolinum und Technische Universität. 250 Jahre braunschweigische Universitätsgeschichte. Braunschweig 1995 (Veröffentlichungen des Braunschweigischen Landesmuseums 80); Schikorsky (wie Anm. 11); J. F. W. Jerusalem, Entwurf einer Lebensgeschichte des Verfassers. Von ihm selbst kurz vor seinem Tode aufgesetzt, in: Nachgelassene Schriften. Zweiter und letzter Theil. Braunschweig 1793, S. 22.

[43] Technische Universität Braunschweig (wie Anm. 42), S. 10.

[44] 300 Jahre Theater in Braunschweig 1690 – 1990, hg. von der Stadt Braunschweig. Braunschweig 1990.

[45] Wolfenbüttel. 400 Jahre Theater in Deutschland. Vom herzoglichen Hoftheater zum bürgerlichen Tourneetheater. Katalog Wolfenbüttel 1992, S. 41 ff.

[46] Ludwig Hänselmann, Das erste Jahrhundert des Großen Clubs in Braunschweig. Braunschweig 1880; Frühsorge (wie Anm. 37), S. 55 f.

[47] Pockels (wie Anm. 10), S. 66.

[48] zit. nach Richard Moderhack, Besucher im alten Braunschweig. Braunschweig 1992, S. 135.

[49] Gotthold Ephraim Lessing 1729 bis 1781. Katalog Wolfenbüttel 1981 (Ausstellungskataloge der Herzog August Bibliothek Nr. 31); Frühsorge (wie Anm. 37), S. 53 f.

[50] Joachim Heinrich Campe, An meine Freunde. Wolfenbüttel 1787, S. 15.

[51] zit. nach Schmitt (wie Anm. 29), S. 250.

[52] Joachim Heinrich Campe, Denkmal der Liebe eines guten Volks zu seinen guten Fürsten. Braunschweig 1790.

[53] Ebd. S. III und VII.

[54] Joachim Heinrich Campe, Briefe aus Paris, hg. von Helmut König. Berlin 1961, S. 255.

[55] Anonym (wie Anm. 7), S. 65.

[56] zit. nach Moderhack (wie Anm. 48), S. 101.

[57] Angela Klein, Campe und die Zensur im Fürstentum Braunschweig-Wolfenbüttel, in: Visionäre Lebensklugheit: Joachim Heinrich Campe in seiner Zeit (1746 – 1818). Wiesbaden 1996, S. 113 – 126 (= Ausstellungskataloge der Herzog August Bibliothek Nr. 74).

[58] Biegel (wie Anm. 9), S. 118 ff.; Hans-Ulrich Ludewig, Das Collegium Carolinum und die Französische Revolution, in: Mitteilungen der TU Braunschweig, Jg. XXV, Heft 1/1990, S. 63 – 69.

[59] zit. nach Biegel (wie Anm. 9), S. 121.

[60] Biegel (wie Anm. 9), S. 73 f.; Roger Dufraisse, Valmy, une bataille, une légende, une énigme, in: Francia 17/2, 1990, S. 95 – 118.

[61] zit. nach Horst Möller, Fürstenstaat oder Bürgernation. Deutschland 1763 – 1185. Berlin 1989, S. 540.

[62] Jules Michelet, Geschichte der Französischen Revolution. Paris o. J., Bd. III., S. 27 und S. 76, zum Salon der Madame de Staël und ihrer Bedeutung für die Französische Revolution: Michelet o. J., Bd. II, S. 312 – 334. Robespierre hielt es nach Michelets Ansicht für sehr wahrscheinlich, »daß ein tiefes Einverständnis, ein festes Komplott besteht zwischen dem Hof einerseits und den Feuillants, Staël, Narbonne und Lafayette andererseits« (S. 320).

[63] Michelet (wie Anm. 62), Bd. III., S. 46 f.

[64] Dufraisse (wie Anm. 60); Biegel (wie Anm. 9), S. 72 ff.

[65] Stern (wie Anm. 9), S. 189.

[66] Etwa Möller (wie Anm. 61), S. 545 mit negativer Wertung; anders dagegen Biegel (wie Anm. 9), S. 193 und Anm. 117.

[67] 20. September 1792. Johann Wolfgang von Goethe, Campagne in Frankreich, in: Werke. Hamburger Ausgabe. Band 10. München 1988, S. 188 – 363; Dufraisse (wie Anm. 60); Biegel (wie Anm. 9), S. 94 ff.

[68] Michelet (wie Anm. 62), Band III, S. 98.

[69] Biegel (wie Anm. 9), S. 106 ff.

[70] zit. nach Stern (wie Anm. 9), S. 37; Pockels (wie Anm. 10), S. 219.

[71] Stern (wie Anm. 9), S. 39.

[72] Stern (wie Anm. 9), 39 f. Winckelmann hatte den in Florenz lebenden Baron v. Stosch kurz vor dessen Tod kennengelernt und 1760 die Gemmensammlung des Barons in vorbildlicher Weise publiziert. 1764 kaufte Friedrich d. Gr. die gesamte Sammlung zum Preis von 30 000 Dukaten.

[73] Hamilton war als Vulkanologe und Sammler antiker Vasen berühmt geworden. Besonders der Besuch von Friedrich Wilhelm von Erdmannsdorff (1736 – 1800) mit dem Fürsten Franz von Anhalt-Dessau (1758 – 1817) 1765 bei Hamilton hat ein bis heute beachtenswertes Zeugnis hervorgebracht, nämlich die Villa Hamilton im Dessau-Wörlitzer Gartenreich.

[74] Stern (wie Anm. 9), S. 44 – 64; Schikorsky (wie Anm. 11), S. 117 – 129.

[75] Stern (wie Anm. 9), S. 350 f.

[76] Karl Venturini, Handbuch der vaterländischen Geschichte für alle Stände Braunschweig-Lüneburgischer Landesbewohner. 4. Theil. Braunschweig 1809, S. 597.

[77] G-Bol., S. 144.

[78] Kurt-R. Biermann, Die Briefe von Martin Bartels an C. F. Gauß. NTM 10, 1973, S. 5 – 22, hier S. 5. G-Bol., S. 94 (2.9.1808).

[79] Wolfgang Sartorius v. Waltershausen, Gauß zum Gedächtnis. Leipzig 1862 (Nachdruck Vaduz 1994), S. 15.

[80] Technische Universität Braunschweig (wie Anm. 42); Biegel (wie Anm. 42).

[81] W. X., 1, S. 3.

[82] Braunschweigisches Magazin 1899, Nr. 15 v. 16. Juli, S. 113f.

[83] Paul Zimmermann, Neue kleine Beiträge zu K. F. Gauß' Leben und Wirken, in: G. N. C.-Monatsschrift 1921, S. 752 – 763.

[84] G-Bol., S. 22 (22.4.1799).

[85] G-G., S. 187 f (6.1.1819).

Die Universität Helmstedt, an der C. F. Gauß 1799 promoviert hatte, 18. Jh.

[86] G-Bol., S. 178.
[87] Mitt. Gauß-Ges. 10, 1973, S. 3 – 4.
[88] G-Bol., S. 144, 152.
[89] G-Bol., S. 179.
[90] G-Bol., S. 11, 15 (29.11.1798, 9.1.1799).
[91] G-O. I, S. 116 (3.12.1802).
[92] Braunschweigisches Magazin (wie Anm. 82), S. 114.
[93] G-Bol., S. 34 (16.12.1799).
[94] W. X., 2, Abh. 2, S. 47.
[95] Mon. Corr. 4, 1801, S. 639 ff.; W. VI, S. 199 ff.
[96] Mon. Corr. 5, 1802, S. 267.
[97] G-Bol., S. 45 f (3.12.1802).
[98] G-Bol., S. 46 (3.12.1802).
[99] G-Bol., S. 55 (20.6.1803).
[100] G-O. I, S. 338 (14.4.1807).
[101] G-O. I, S. 339.
[102] G-Bol., S. 61 (28.6.1804).
[103] G-Bol., S. 80 (25.11.1804).
[104] von Waltershausen (wie Anm. 79), S. 37.
[105] H. Stupuy, Oeuvres philosophiques de Sophie Germain. Paris 1879, S. 312 – 317.
[106] Ernst Schering, Ges. math. Werke, ed. R. Haussner, K. Schering, II, Berlin 1909, S. 217 f.
[107] G-Bol., S. 93 (2.9.1808).
[108] zit. nach Kurt-R. Biermann, Carl Friedrich Gauß. Der »Fürst der Mathematiker« in Briefen und Gesprächen. München 1990, S. 72.
[109] Paul Zimmermann, Der Schwarze Herzog. Friedrich Wilhelm von Braunschweig. Hildesheim/Leipzig 1936; Ulrike Strauß, Die »Franzosenzeit« (1806 – 1815), in: Die Braunschweigische Landesgeschichte. Jahrtausendrückblick einer Region, hg. von Horst-Rüdiger Jarck und Gerhard Schildt. Braunschweig 2000, S. 691 – 712.
[110] Strauß (wie Anm. 109).
[111] zit. nach Biermann (wie Anm. 108), S. 74.
[112] zit. nach Biermann (wie Anm. 108), S. 72.
[113] Niedersächsische Texte 1756 – 1820, hg. von Reinhard Oberschelp. Hildesheim 1983 (Veröffentlichungen der Niedersächsischen Landesbibliothek Hannover), S. 49 – 59.
[114] Reinhard Oberschelp, Politische Geschichte Niedersachsens 1803 – 1866. Hildesheim 1988 (Veröffentlichungen der Niedersächsischen Landesbibliothek Hannover), S. 21 – 45; zur Geschichte der Stadt Göttingen grundsätzlich die vorbildliche Stadtgeschichte: Göttingen. Geschichte einer Universitätsstadt. Band 2. Vom Dreißigjährigen Krieg bis zum Anschluß an Preußen – Der Wiederaufstieg als Universitätsstadt (1648 – 1866), hg. von Ernst Böhme und Rudolf Vierhaus. Göttingen 2002; zitiert: Göttingen.
[115] zit. nach Biermann (wie Anm. 108), S. 73.
[116] Friedrich Karl von Strombeck, Darstellungen aus meinem Leben und aus meiner Zeit. Erster Theil. Braunschweig 1835, S. 286f.
[117] Helmut Berding, Napoleonische Herrschafts- und Gesellschaftspolitik. Göttingen 1973 (Kritische Studien zur Geschichtswissenschaft 7), S. 25.

118 Oberschelp (wie Anm. 114), S. 45.

119 Jörg H. Lampe, Politische Entwicklungen in Göttingen vom Beginn des 19. Jahrhunderts bis zum Vormärz, in: Göttingen (wie Anm. 114), S. 52.

120 Oberschelp (wie Anm. 114), S. 46 ff.

121 Politisches Journal 1814, 2, S. 961 ff.

122 Oberschelp (wie Anm. 114), S. 49; Bernhard Kiekenap, Karl und Wilhelm. Die Söhne des Schwarzen Herzogs. Band 1. Braunschweig 2000, S. 35 ff.

123 Flora Fraser, The unruly Queen. The Life of Queen Caroline. London 1996; Kiekenap (wie Anm. 122).

124 zit. nach Möller (wie Anm. 61), S. 662.

125 Fraser (wie Anm. 123).

126 Oberschelp (wie Anm. 114), S. 63.

127 Lampe (wie Anm. 119), S. 56 f.

128 Lampe (wie Anm. 119), S. 54.

129 Oberschelp (wie Anm. 119), S. 100.

130 Lampe (wie Anm. 119), S. 65.

131 Lampe (wie Anm. 119), S. 75.

132 Oberschelp (wie Anm. 114), S. 109.

133 Kiekenap (wie Anm. 122); Strauß (wie Anm. 109).

134 Klaus Erich Pollmann, Die Braunschweigische Verfassung von 1832. Hannover 1982.

135 Ebd. S. 15.

136 Ebd. S. 47.

137 Lampe (wie Anm. 119), S. 91.

138 Oberschelp (wie Anm. 114), S. 137.

139 Oberschelp (wie Anm. 114), S. 137.

140 zit. nach Biermann (wie Anm. 108), S. 162 ff.

141 Braunschweigisches Landesmuseum, Handschriftenarchiv »Gauß 1838«. Frau Erika Hildebrandt danken wir für die Bearbeitung der Handschrift.

142 Oberschelp (wie Anm. 114), S. 171 ff.

143 Oberschelp (wie Anm. 114), S. 281.

144 G-O. I, S. 105 f (26.10.1802).

145 G-Bol., S. 93 (2.9.1808).

146 G-O. I, S. 442 (12.10.1809).

147 Heinrich Mack, C. F. Gauß und die Seinen. Braunschweig 1927 (Werkstücke aus Museum, Archiv und Bibliothek der Stadt Braunschweig 2), S. 16 f.

148 Mitt. Gauß-Ges. 5, 1968, S. 19 ff. Mitt. Gauß-Ges. 8, 1971, S. 32 – 41.

149 W. VIII, S. 136.

150 G-S. I, S. 130 (5.7. 1816).

151 W. XI, 2, Abh. 1, S. 70.

152 Kurt-R. Biermann, Zum Verhältnis zwischen Alexander von Humboldt und Carl Friedrich Gauß, in: Wissenschaftliche Zeitschrift der Humboldt-Universität (Mathematisch – naturwissenschaftliche Mitteilungen. 8). Berlin 1958/9, S. 121 – 130.

153 Karl Heinrich Wiederkehr, Wilhelm Eduard Weber. Stuttgart 1967 (Grosse Naturforscher Bd. 32), S. 50 f.

154 G-O. II, S. 628 f. (11.11.1835).

[155] G-S. V, S. 96 f. (22.12.1845).
[156] Mitt. Gauß-Ges. 8, 1971, S. 27.
[157] Wiederkehr (wie Anm. 156), S. 78.
[158] G-S. III, S. 242.
[159] Kurt-R. Biermann, Einige Episoden aus den russischen Sprachstudien des Mathematikers C. F.Gauß, in: Forschungen und Fortschritte 38, 1964, S. 44 – 46; hier S. 46.
[160] G-G., S. 728 f. 774.
[161] W. IV, S. 119 – 188.
[162] G-Bol., S. 133 (20.4.1848).
[163] von Waltershausen (wie Anm. 79), S. 94.
[164] Florian Cajori, Carl Friedrich Gauß and His Children, in: Science 9, 1899, S. 697 – 704; hier S. 697 f.
[165] Briefwechsel zwischen C. G. J. Jacobi und M. H. Jacobi, hg.von. W. Ahrens. Leipzig 1907, S. 227 f.
[166] Allgemeine Zeitung. S. 3153.
[167] G-G. S. 777, 803.
[168] Biermann (wie Anm. 152), S. 124.
[169] Mitt. Gauß-Ges. 3, 1966, S. 34.
[170] G-S. V, S. 95 (22.12.1845).
[171] von Waltershausen (wie Anm. 79), S. 79.
[172] W. VIII, S. 139, 141.
[173] W. IV, S. 1 – 188.
[174] W. II, S. 174.
[175] von Waltershausen (wie Anm. 79), S. 80 f.
[176] G-Bol., S. 36 f. (16.12.1799).
[177] G-Bol., S. 36 f. (16.12.1799).
[178] W. VIII, S. 166.
[179] G-Bes., S. 490 (27.1.1829).
[180] G-Bol., S. 109 (6.3.1832).
[181] W. VIII, S. 220.
[182] W. X., 2, Abh. 4, S. 37.
[183] W. VIII, S. 265.
[184] Bernhard Riemann, Gesammelte mathematische Werke, ed. R. Dedekind, H. Weber. 2. Aufl., (Nachdruck Dover Publ.) New York 1953, S. 549.
[185] Mon. Corr. 3, 1801, S. 602 f.
[186] Mon. Corr. 3, 1801, S. 159.
[187] Mon. Corr. 5, 1802, S. 334; vgl. Dieter Herrmann, Geschichte der Astronomie von Herschel bis Hertzsprung. Berlin 1975, S. 46.
[188] G-S. IV, S. 56 f.
[189] W. XI, 2, Abh. 3, S. 3.
[190] W. VI, S. 73 – 86.
[191] G-O. I, S. 1 (18.1.1802).
[192] G-O. I, S. 146 (8.4.1803).
[193] W. XI, 2, Abh. 1, S. 35.
[194] W. IV, S. 482.
[195] W. IX, S. 1 – 58.
[196] G-S. IV, S. 344 f. (20.12.1823).
[197] W. IX, S. 49 f.
[198] W. IX, S. 56 – 58.

[199] W. IX, S. 465.
[200] W. IX, S. 385.
[201] W. Großmann, Gauß' geodätische Tätigkeit im Rahmen zeitgenössischer Arbeiten, in: Zeitschrift für Vermessungswesen 80, 1955, S. 371 – 384; hier S. 375.
[202] Theo Gerardy, Die Triangulation des Königreichs Hannover durch C. F. Gauß (1821 – 1844), in: C. F. Gauß und die Landesvermessung in Niedersachsen, hg. von der Niedersächsischen Vermessungs- und Katasterverwaltung. Hannover 1955, S. 83 – 114; hier S. 110.
[203] G-Bes., S. 428 (4.3.1824).
[204] W. XI, 2, 2. Abh., S. 152.
[205] W. V, S. 504 ff.
[206] W. XI, 2, 2. Abh., S. 202.
[207] W. XI, 2, Abh. 2, S. 87.
[208] Écrits et mémoires mathématiques d'Évariste Galois, ed. R. Bourgne, J. P. Azra. Paris 1962, S. 185.
[209] Briefwechsel Friedrichs des Großen mit Voltaire, hg. von R. Koser, H. Droysen, Teil 3. Leipzig 1911, S. 1427 (Publikationen aus den königlich preußischen Staatsarchiven, Bd. 86). Deutsche Übersetzung aus dem Französischen in: Friedrich Klemm, Technik – eine Geschichte ihrer Probleme. München 1954, S. 265.
[210] Rudolf Wagner, Gespräche mit Carl Friedrich Gauß in den letzten Monaten seines Lebens, hg. von Heinrich Rubner, in: Nachrichten der Akademie der Wissenschaften Göttingen. I. Phil.-hist. Klasse, 1975, Nr. 6, S. 143 – 171, hier S. 147.
[211] Hans-Günther Körber, Aus der Korrespondenz Alexander von Humboldts und Carl Friedrich Gauß' mit Teilnehmern an geomagnetischen Beobachtungen, Forschungen und Fortschritte 33, S. 298 – 303.
[212] von Waltershausen (wie Anm. 79), S. 95 f.
[213] G-Bol., S. 94 (2.9.1808).
[214] G-S. IV, S. 110 (23.1.1843).
[215] von Waltershausen (wie Anm. 79), S. 79. Das Motto ist aus King Lear, 1. Akt, 2. Szene entlehnt. Gauß hat allerdings aus dem im Originaltext stehenden law ein laws gemacht.

Bibliographie

I. Verwendete Literatur – Werke von Gauß

Gauß, Carl Friedrich, Werke Bd. I – XII. Göttingen 1863 – 1929. Nachdruck Hildesheim-New York 1973.

Neue Entdeckungen (Zur Kreistheilung), in: Intelligenzblatt der allgemeinen Litteraturzeitung Nr. 66, 1796. (=W. X, 1, S. 3).

Demonstratio nova theorematis omnem functionem algebraicam rationalem integram unius variabilis in factores reales primi vel secundi gradus resolvi posse. Helmstedt 1799. (= W. III, S. 1 – 30).

Berechnung des Osterfestes, in: Monatliche Correspondenz zur Beförderung der Erd- und Himmelskunde 1800. (= W. VI, S. 73 – 79).

Disquisitiones arithmeticae. Leipzig 1801. (= W. I).

Fortgesetzte Nachrichten über den längst vermutheten neuen Haupt-Planeten unseres Sonnensystems, in: Monatliche Correspondenz zur Beförderung der Erd- und Himmelskunde 1801. (= W. VI, S. 199 – 204).

Berechnung des jüdischen Osterfestes, Monatliche Correspondenz zur Beförderung der Erd- und Himmelskunde 1802. (= W. VI, S. 80 – 81).

Fundamentalgleichungen für die Bewegung schwerer Körper auf der rotirenden Erde, in: Benzenberg, J. F., Versuche über das Gesetz des Falls. 1804. (= W. V, S. 495 – 503).

Noch etwas über die Bestimmung des Osterfestes, in: Braunschweigisches Magazin 1807. (= W. VI, S. 82 – 86).

Allgemeine Tafeln für Aberration und Nutation, in: Monatliche Correspondenz zur Beförderung der Erd- und Himmelskunde 1808. (= W. VI, S. 123 – 128).

Theoria motus corporum coelestium in sectionibus conicis solem ambientium. Hamburg 1809. (= W. VII, S. 1 – 280).

Tafel für Mittags-Verbesserung, in: Monatliche Correspondenz zur Beförderung der Erd- und Himmelskunde 1811. (= W. VI, S. 166 – 171).

Tafel für die Sonnen-Coordinaten, in: Monatliche Correspondenz zur Beförderung der Erd- und Himmelskunde 1812. (= W. VI, S. 172 – 180).

Demonstratio nova altera theorematis omnem functionem algebraicam rationalem integram unius variabilis in factores reales primi vel secondi gradus resolvi posse, in: Comment. Soc. Gott. 3, 1816. (= W. III, S. 31 – 56).

Theorematis de resolubilitate functionum algebraicarum integrarum in factores reales demonstratio termia, in: Comment. Soc. Gott. 3, 1816. (= W. III, S. 57 – 64).

Über die achromatischen Doppelobjective besonders in Rücksicht der vollkommenern Aufhebung der Farbenzerstreuung, in: Zeitschrift für Astronomie und verwandte Wissenschaften 4, Nr. 30, 1817. (= W. V, S. 504 – 508).

Refractionstafeln, in: Sammlung von Hülfstafeln, hg. von H. C. Schumacher. 1. Heft, Kopenhagen 1822. (= W. VI, S. 185 – 190).

Allgemeine Auflösung der Aufgabe die Theile einer gegebnen Fläche auf einer andern gegebnen Fläche so abzubilden, dass die Abbildung dem Abgebildeten in den kleinsten Theilen ähnlich wird. (Als Beantwortung der von der königlichen Societät der Wissenschaften in Copenhagen für 1822 aufgegebenen Preisfrage). Astronomische Nachrichten 3, 1825, S. 1 – 30. (= W. IV, S. 189 – 216).

Anzeige. Disquisitiones generales circa superficies curvas, in: Göttingische gelehrte Anzeigen 1827. (= W. IV, S. 341 – 347).
Disquisitiones generales circa superficies curves, in: Comment. Soc. Gott. 6, 1828, S. 99 – 146. (Reprint Nendeln/Liechtenstein 1970). (= W. IV, S. 217 – 258).
Theoria residuorum biquadraticorum. (Commentatio prima), in: Comment. Soc. Gott. 6, 1828. (= W. II, S. 65 – 92).
Bestimmung des Breitenunterschiedes zwischen den Sternwarten von Göttingen und Altona durch Beobachtungen am Ramsdenschen Zenithsector. Göttingen 1828. (= W. IX, S. 1 – 58).
Über ein neues allgemeines Grundgesetz der Mechanik, in: Journal für reine und angewandte Mathematik 4, 1829. (= W. V, S. 23 – 28).
Principia generalia theoriae figurae fluidorum in statu aequilibrii. (Societati … 28.9.1829 tradita), in: Comment. Soc. Gott. 7, 1830. (= W. V, S. 29 – 77).
Anzeige. Theoria residuorum biquadraticorum. (Commentatio secunda), in: Göttingische gelehrte Anzeigen 1831. (= W. II, S. 169 – 178).
Theoria residuorum biquadraticorum. (Commentatio seconda), in: Comment. Soc. Gott. 7, 1832. (= W. II, S. 93 – 148).
Anzeige. Intensitas vis magneticae terrestris ad mensuram absolutam revocata, in: Göttingische gelehrte Anzeigen 1832. (= W. V, S. 293 – 304).
Zurückführung der Wechselwirkungen zwischen galvanischen Strömen und Magnetismus auf absolute Maasse. (Nachlaß). 1835/36. (= W. XI, 1, S. 178 – 195).
Über ein neues, zunächst zur unmittelbaren Beobachtung der Veränderungen in der Intensität des horizontalen Theils des Erdmagnetismus bestimmtes Instrument. Resultate aus den Beobachtungen des magnetischen Vereins im Jahre 1836. Göttingen 1837. (= W. V, S. 357 – 373).
Allgemeine Theorie des Erdmagnetismus. Resultate aus den Beobachtungen des magnetischen Vereins im Jahre 1838. Leipzig 1839. (= W. V, S. 119 – 193).
Allgemeine Lehrsätze in Beziehung auf die im verkehrten Verhältnisse des Quadrats der Entfernung wirkende Anziehungs- und Abstoßungskräfte. Resultate aus den Beobachtungen des magnetischen Vereins im Jahre 1839. Leipzig 1840. (= W. V, S. 195 – 242).
Intensitas vis magneticae terrestris ad mensuram absolutam revocata. (In consessu societatis ... 15.12.1832 recitata), in: Comment. Soc. Gott. 8, 1841. (= W. V, S. 79 – 118).
Dioptrische Untersuchungen. Abhandlungen der kgl. Gesellschaft der Wissenschaften Göttingen 1, 1843. (= W. V, S. 243 – 276).
Untersuchungen über Gegenstände der höhern Geodäsie. (Erste Abhandlung 1843). Abhandlungen der kgl. Gesellschaft der Wissenschaften Göttingen 2, 1844. (= W. IV, S. 259 – 300).
Anwendung der Wahrscheinlichkeitsrechnung auf die Bestimmung der Bilanz für Witwenkassen. (Nachlaß). 1845 – 51. (= W. IV, S. 119 – 172).
Untersuchungen über Gegenstände der höhern Geodäsie. (Zweite Abhandlung 1846). Abhandlungen der kgl. Gesellschaft der Wissenschaften Göttingen 3, 1847. (= W. IV, S. 301 – 340).
Beiträge zur Theorie der algebraischen Gleichungen. Abhandlungen der kgl. Gesellschaft der Wissenschaften Göttingen 4, 1850. (= W. III, S. 71 – 102).

II. Wichtige Übersetzungen Gaußscher Werke in Fremdsprachen oder aus dem Lateinischen ins Deutsche

1796 – 1814

Mathematisches Tagebuch 1796 – 1814. Deutsche Übersetzung von E. Schuhmann, mit einer historischen Einführung von Kurt R. Biermann, mit Anmerkungen versehen von Hans Wußing und Olaf Neumann. Ostwalds Klassiker Nr. 256, Leipzig 1975. 21979, 31981, Frankfurt 41985, 5. Aufl. im Druck.

Gauss's Mathematical Diary, in: W. Dunnington, Gauss. Titan of Science. New York 1955, Nachdruck 2004, S. 469 – 484.

1799, 1816, 1816, 1850

Die vier Gauß'schen Beweise für die Zerlegung ganzer algebraischer Functionen in reelle Factoren ersten oder zweiten Grades (1799 – 1849), hg. von E. Netto. Ostwald's Klassiker Nr. 14, Leipzig 1890, 21904, 31913.

1801

Untersuchungen über höhere Arithmetik. Übersetzt von H. Maser. Berlin 1889. Nachdruck New York 1965.

Recherches arithmétiques. Übersetzt von A. C. M. Poulet-Delisle. Paris 1807. Nachdruck Paris 1910 und 1953.

Trudy po teorii čisel. Übersetzt von V. B. Dem'janov, kommentiert von B. N. Delone, hg. von I. M. Vinogradov. Moskau 1959.

Disquisitiones arithmeticae. Translated by Arthur Clarke. New Haven 1966. Nachdruck hg. von William C. Waterhouse. New York 1986.

Disquisitiones arithmeticae. Übersetzt von Hugo Barrantes Campos, Michael Josephy und Angel Ruiz Zuniga. Santa Fe Bogota, D.C. 1995.

Disquisicions Arithmètiques. Übersetzt von Griselda Pascual Xufré. Barcelona 1996.

1809

Theorie der Bewegung der Himmelskörper welche in Kegelschnitten die Sonne umlaufen. Übersetzt von C. Haase. Hannover 1865.

Theory of the motion of the heavenly bodies moving about the sun in conic sections. Übersetzt von Ch. H. Davy. Boston 1857. Nachdruck New York 1963.

Théorie du mouvement des corps célestes parcourant des sections coniques autour du soleil. Übersetzt von E. Dubois. Paris 1864.

Teoria dviženija nebesnych tel, obraščajuščichsja vokrug solnča po koničeskim sečenijam. Übersetzt von M. Dogel'. Moskau 1861.

1809 – 1828

Abhandlungen zur Methode der kleinsten Quadrate von Carl Friedrich Gauss. In deutscher Sprache hg. von A. Börsch und P. Simon. Berlin 1887. Neudruck Würzburg 1964.

Theory of the combination of observations least subject to errors. Bilingual edition, hg. von G. W. Stewart. Classics in Appl. Math., SIAM 1995.

1820
Bestimmung der Anziehung eines elliptischen Ringes, Nachlaß zur Theorie des arithmetisch-geometrischen Mittels und der Modulfunktion, hg. von H. Geppert. Ostwald's Klassiker Nr. 225. Leipzig 1927.

1828
Untersuchungen über die allgemeine Theorie der krummen Flächen. Übersetzt von O. Böklen, in: Analytische Geometrie des Raumes, Stuttgart [2]1884, S. 198 – 232.
Allgemeine Flächentheorie. Übersetzt von A. Wangerin. Ostwald's Klassiker Nr. 5, Leipzig 1889, [2]1900.
General investigations of curved surfaces of 1827 and 1825, hg. von J. C. Morehead and A. M. Hiltebeitel. Princeton 1902 und New York 1965. Ferner in: P. Dombrowski, 150 years after Gauß Disquisitiones generales circa superficies curvas. Astérisque 62, Paris 1979, S. 2 – 81.
Recherches générales sur les surfaces courbes. Übersetzt und hg. von E. Roger, Grenoble [1]1855, [2]1870.
Obščie issledovanija o krivych poverchnostjach. Übersetzt von M. M. Filippov. Kasan 1895. Ferner übersetzt. von P. Krasnov, hg. von K. A. Posse, in: Ob osnovanijach geometrii. Sbornik klassičeskich rabot po geometrii Lobačevskogo i razvitiju ee idej, hg. von A. P. Norden. Moskau 1956, S. 123 – 161.

1832
Allgemeine Grundlagen einer Theorie der Gestalt von Flüssigkeiten im Zustand des Gleichgewichts. Übersetzt von R. H. Weber, hg. von H. Weber. Ostwald's Klassiker Nr. 135, Leipzig 1903.

1841
Die Intensität der erdmagnetischen Kraft, zurückgeführt auf absolutes Maass, übersetzt von J. Poggendorff, in: Annalen der Physik und Chemie 27, 1833, S. 241 – 273, 591 – 614.
Die Intensität der erdmagnetischen Kraft auf absolutes Maass zurückgeführt. Hrsg. von E. Dorn. Ostwald's Klassiker Nr. 53, Leipzig 1894.
Misura assoluta dell'intensità forza magnetica terrestre, übersetzt und kommentiert von Paolo Frisiani. Primo supplemento alle Effemeridi astronomiche di Milano 1839, S. 3 – 132.
Intensivnost' zemnoj magnitnoj sily, privedennaja k absoljutnoj mere, in: Karl Fridrich Gauss: Izbrannye trudy po zemnomu magnetizmu. Übersetzt von A. N. Krylov, hg. von B. M. Janovskij. Moskau 1952, S. 23 – 76.
A intensidade da força magnética terrestre reduzida a medida absoluta. Übersetzt von A. Assis, in: Revista Brasileira de Ensino di Fisica 25, Nr. 2, 2003, S. 226 – 249.

III. Briefwechsel (Auswahl)

Friedrich Wilhelm Bessel (1784 – 1846)
Briefwechsel zwischen Gauß und Bessel, hg. von der königlich Preußischen Akademie der Wissenschaften. Leipzig 1880. Nachdruck Hildesheim/New York 1975.(= W. Ergänzungsreihe Bd. I).
Unbekannte Briefe von C. F. Gauß und Fr. W. Bessel, hg. von E. Schoenberg und A. Perlick. Abhandlungen der Bayerischen Akademie der Wissenschaften N.F. 71, 1955.

Palm Heinrich Ludwig von Boguslawski (1789 – 1851)
Die Briefe des Herrn P. H. L. von Boguslawski, Direktors der Kgl. Universitäts-Sternwarte Breslau, an Carl Friedrich Gauß, hg. von E. Schoenberg und Th. Gerardy. Abhandlungen der Bayerischen Akademie der Wissenschaften N.F. 110, 1963.
Wolfgang (Farkas) Bolyai (1775 – 1856)
Briefwechsel zwischen Carl Friedrich Gauß und Wolfgang Bolyai, hg. von Fr. Schmidt und P. Stäckel. Leipzig 1899. Nachdruck New York, London 1972 und Hildesheim, Zürich, New York 1987. (= W. Ergänzungsreihe Bd. II).
[Nikolaus Fuß] (1755 – 1826)
Pis'ma K. F. Gaussa v S. Peterburgskuju Akademiju Nauk. Trudy instituta istorii nauki i techniki, ser. 1,3, 1934, S. 209 – 238.
Christian Ludwig Gerling (1788 – 1864)
Briefwechsel zwischen Carl Friedrich Gauß und Christian Ludwig Gerling, hg. von C. Schaefer. Berlin 1927. Nachdruck Hildesheim/New York 1975. (= W. Ergänzungsreihe Bd. III).
Christian Ludwig Gerling an Carl Friedrich Gauß. Sechzig bisher unveröffentlichte Briefe, hg. von Th. Gerardy. Arbeiten aus der niedersächsischen Staats- und Universitätsbibliothek Göttingen Bd. 5. Göttingen 1964.
Alexander von Humboldt (1769 – 1859)
Briefwechsel zwischen Alexander von Humboldt und Carl Friedrich Gauss, hg. von Kurt-R. Biermann. Berlin 1977.
Carl Ludwig von Lecoq (1753 – 1829)
Der Briefwechsel zwischen Carl Friedrich Gauß und Carl Ludwig von Lecoq, hg. von Th. Gerardy. Nachrichten der Akademie der Wissenschaften. Göttingen, math.-phys. Klasse 1959, S. 37 – 63, 64 – 66.
Nevil Maskelyne (1732 – 1811)
The Correspondence between C. F. Gauß and the Rev. Nevil Maskelyne (1802 – 1805), hg. von E. Forbes, in: Annals of Science 27, 1971, S. 213 – 237.
Bernhard Nicolai (1793 – 1846)
Briefe von C. F. Gauß an B. Nicolai, hg. von W. Valentiner. Karlsruhe 1877.
Wilhelm Olbers (1758 – 1840)
Briefwechsel zwischen Olbers und Gauß = Wilhelm Olbers, Sein Leben und seine Werke, hg. von C. Schilling, Bd. 2, Abt. 1, Berlin 1900, Bd. 2, Abt. 2, Berlin 1909. Nachdruck Hildesheim, New York 1976. (= W. Ergänzungsreihe Bd. IV).
Johann Georg Repsold (1770 – 1830)
Jürgen W. Koch, Die Briefwechsel von Johann Georg Repsold mit Carl Friedrich Gauß und Heinrich Christian Schumacher. Hamburg 2000.
Heinrich Christian Schumacher (1780 – 1850)
Briefwechsel zwischen C. F. Gauß und H. C. Schumacher, hg. von C. A. F. Peters. Bd. 1 – 6. Altona 1860 – 1865. Nachdruck Hildesheim/New York 1975. (= W. Ergänzungsreihe Bd. V).
Nachträge zum Briefwechsel zwischen Carl Friedrich Gauß und Heinrich Christian Schumacher, hg. von Th. Gerardy. Arbeiten aus der niedersächsischen Staats- und Universitätsbibliothek Göttingen, Bd. 7. Göttingen 1969.
Eberhard August Wilhelm Zimmermann (1743 – 1815)

Briefwechsel zwischen Carl Friedrich Gauß und Eberhard August Wilhelm von Zimmermann, hg. von Hans Poser. Göttingen 1987.

Ferner:

Jean-Baptiste Delambre (1749 – 1822), Pierre-Simon de Laplace (1749 – 1827), Adrien-Marie Legendre (1752 – 1833), Friedrich Perthes (1772 – 1843).

K. Reich, Im Umfeld der »Theoria motus«: Gauß' Briefwechsel mit Perthes, Laplace, Delambre und Legendre. Abhandlungen der Akademie der Wissenschaften zu Göttingen 2001.

Gauß' Briefwechsel mit Familienangehörigen

K. F. Gauß' Briefe an seine Tochter Minna und deren Gatten H. A. Ewald, in: Braunschweigisches Magazin 21, 1915, S. 133 – 141.

C. F. Gauß und die Seinen, hg. von H. Mack. Braunschweig 1927.

IV. Sekundärliteratur (Auswahl)

Berding, H., Napoleonische Herrschafts- und Gesellschaftspolitik. Göttingen 1973 (Kritische Studien zur Geschichtswissenschaft Band 7).

Biegel, G., 6. Februar 1794. Rückkehr von Herzog Carl Wilhelm Ferdinand aus Frankreich. Braunschweig 1994 (Veröffentlichungen des Braunschweigischen Landesmuseums 74).

Biegel, G., Collegium Carolinum & Technische Universität. Braunschweig 1995 (Veröffentlichungen des Braunschweigischen Landesmuseums 80).

Biegel, G., »Erst Rechnen, dann Sprechen gelernt«. Der Braunschweiger Mathematiker Carl Friedrich Gauß – Die Braunschweiger Jahre, in: Braunschweigischer Kalender 2005, S. 17 – 24.

Biegel, G., Oestmann, G., Reich, K. (Hg.), Neue Welten. Wilhelm Olbers und die Naturwissenschaften um 1800. Braunschweig 2001 (Disquisitiones Historiae Scientiarum – Braunschweiger Beiträge zur Wissenschaftsgeschichte Bd. 1).

Biermann, K.-R., Carl Friedrich Gauß. Der »Fürst der Mathematiker« in Briefen und Gesprächen. München 1990.

Böhme, E., Göttingen. Kleiner Führer durch die Stadtgeschichte. Göttingen 1999.

Bühler, W. K. , Gauss. A Biographical Study. Berlin, Heidelberg, New York 1981. Deutsche Übersetzung.: Eine biographische Studie. 1987.

Dunnington, W., Carl Friedrich Gauss. Titan of Science. New York 1955, Nachdruck 2004.

Folkerts, M., Carl Friedrich Gauß' Aktivitäten an der Universität Göttingen. Nachrichten der Akademie der Wissenschaften zu Göttingen, II. math.-phys. Klasse Nr. 2, 2002.

Friedeberg, L. von, Bildungsreform in Deutschland. Geschichte und Gesellschaftlicher Widerspruch. Frankfurt am Main 1989.

Gerke, K. und Harborth, H., Zum Leben des Braunschweiger Mathematikers Richard Dedekind, in: Brunswick 1031 – Braunschweig 1981, hg. von G. Spies. Braunschweig 1981, S. 657 – 694.

Hall, T., Gauss. Matematkernas konung. Stockholm. Englische Übersetzung von A. Froderberg. Cambridge/Mass. London 1970.

Hucker, B. U. u.a. (Hg.), Niedersächsische Geschichte. Göttingen 1997.

Jarck, H.-R. und Schildt, G. (Hg.), Braunschweigische Landesgeschichte. Jahrtausendrückblick einer Region. Braunschweig 2000.

Küssner, M., Carl Friedrich Gauß und seine Welt der Bücher. Göttingen 1979.

Landesvermessung. C. F. Gauß und die Landesvermessung in Niedersachsen, hg. von der Niedersächsischen Vermessungs- und Katasterverwaltung. Hannover 1955.

Lesemann, S. und von Stieglitz, A. (Hg.), Stand und Repräsentation. Kultur- und Sozialgeschichte des hannoverschen Adels vom 17. bis zum 19. Jahrhundert. Bielefeld 2004 (Hannoversche Schriften zur Regional- und Lokalgeschichte Band 17)

Lutz, H., Zwischen Habsburg und Preußen. Deutschland 1815 – 1866. Berlin 1985 (Die Deutschen und ihre Nation).

May, K. O., Gauss, in: Dictionary of Scientific Biography Bd. 5. New York 1972, S. 298 – 315.

Meinhardt, G., Die Universität Göttingen. Ihre Entwicklung und Geschichte von 1734 – 1974. Göttingen/Frankfurt am Main 1977.

Möller, H., Fürstenstaat oder Bürgernation. Deutschland 1763 – 1815. Berlin 198 (Die Deutschen und ihre Nation).

Monna, A. F., (Hg.), Carl Friedrich Gauss 1777 – 1855. Four lectures on His Life and Work. Utrecht 1978.

Oberschelp, R. (Hg.), Niedersächsische Texte 1756 – 1820. Hildesheim 1983 (Veröffentlichungen der Niedersächsischen Landesbibliothek Hannover).

Oberschelp; R. (Hg.), Niedersächsische Texte 1820 – 1866. Hildesheim 1985 (Veröffentlichungen der Niedersächsischen Landesbibliothek Hannover).

Oberschelp, R., Politische Geschichte Niedersachsens 1803 – 1866. Hildesheim 1988.

Reich, K., Carl Friedrich Gauß 1777/1977. München 1977.

Reichardt, H., (Hg.), C. F. Gauss. Gedenkband anläßlich des 100. Todestages am 23. Februar 1955. Berlin, Leipzig 1957.

Saathoff, A., Geschichte der Stadt Göttingen bis zur Gründung der Universität. Göttingen 1937.

Sartorius von Waltershausen, W. Gauss zum Gedächtnis. Stuttgart 1856. Nachdruck Wiesbaden 1965 und Vaduz 1988. Englische Übersetzung von Helen W. Gauss: Gauss, a Memorial. Colorado 1966.

Schmitt, H., Schulreform im aufgeklärten Absolutismus. Weinheim 1979 (Studien und Dokumentationen zur deutschen Bildungsgeschichte Band 12).

Vinogradov, I. M., (Hg.), Karl Fridrich Gauss. Sbornik statej k 100-letiju so dnja smerti. Akademija Nauk SSSR. Institut istorii estestvoznanija i techniki. Moskau 1956.

Worbs, E., Carl Friedrich Gauß. Ein Lebensbild. Leipzig ^{2}1955.

Wussing, H., Carl Friedrich Gauss. Leipzig 1974 (Biographien hervorragender Naturwissenschaftler und Techniker Bd. 15).

V. Bibliographie

U. Merzbach, Carl Friedrich Gauss: A Bibliography. Wilmington, Delaware 1984.